NHK
趣味の園芸

12か月
栽

イチゴ

藤田 智
Fujita Satoshi

撮影：丸山 滋

目次

Contents

12か月栽培ナビ 21

Column

本書の使い方

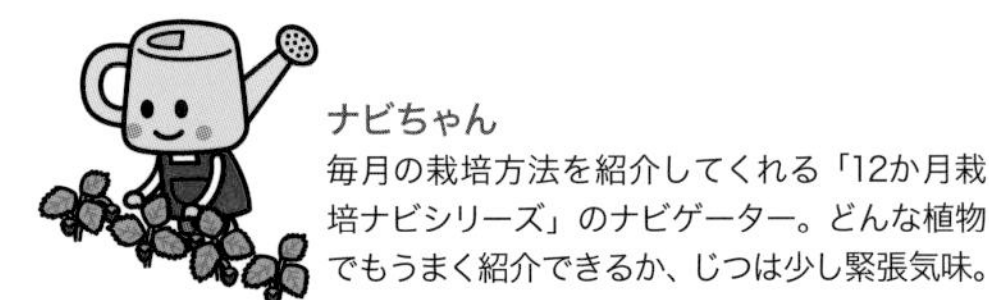

ナビちゃん
毎月の栽培方法を紹介してくれる「12か月栽培ナビシリーズ」のナビゲーター。どんな植物でもうまく紹介できるか、じつは少し緊張気味。

本書はイチゴの栽培にあたり、9〜8月にかけて、月ごとの作業や管理を詳しく解説しています。秋からなのは、露地栽培で苗を購入して植えつける時期が10月ごろからのためです。

＊**「種類とライフサイクル」**（8〜11ページ）では、ライフサイクルを理解。

＊**「一季なり品種」**（12〜16ページ）と**「四季なり品種」**（17〜18ページ）では、品種の特性を紹介しています。

＊**「12か月栽培ナビ」**では一季なりと四季なりの基本の作業・管理暦（22〜25ページ）をそれぞれ掲載し、月ごとの主な作業と管理を、適期の月に掲載しています。

初心者でも必ず行ってほしい 基本 と、中・上級者で余裕があれば挑戦したい トライ の2段階に分けて解説しています。

＊**「土作りの基本」**（80〜83ページ）では、有機質肥料も含めた土作りを解説。

＊**「プランターで育てる」**（84〜87ページ）では、プランターの鉢や培養土など資材の選択や管理のコツを紹介。

＊**「コンパニオンプランツ」**（88〜89ページ）、**「イチゴの病害虫」**（90〜93ページ）では、発生しやすい病害虫の特徴と対策を提示します。

● 本書は中間地を基準にして説明しています。地域や気候により、生育状態や開花時期、作業時期などは異なります。寒冷地と暖地は年間の基本の作業・管理に補註（22〜25ページ）を掲載。「寒冷地」は北海道・東北地方、新潟県、富山県、石川県、「中間地」は福井県、関東甲信・東海・近畿・中国地方、九州北部、「暖地」は四国、九州南部、沖縄県を目安としています。寒冷地向けについては19ページのColumnを参照してください。

● 水やりや肥料の分量などはあくまで目安で、イチゴの状態を見て加減してください。

● 種苗法により、品種登録されたものについては譲渡・販売目的での無断増殖は禁止されています。

家庭で育てる イチゴの魅力と ライフサイクル

一季なりと四季なり品種

多年草のイチゴを育て収穫するには、
そのライフサイクルを理解すれば、
つき合い方がわかります。
家庭菜園ならではの一季なりと四季なりの
品種も多数紹介します。

Strawberry

NP-N.Watanabe

イチゴの魅力

1
宝石のような赤い果実

イチゴの真っ赤な果実（正式には花托（かたく）、27ページ参照）は、「菜園のルビー」ともたたえられます。春の日ざしに輝く鈴なりの赤い実はまさに、寒い冬を乗り越えて実った貴重な宝石です。小ぶりな株に多くの実をつけるので、観賞用に育てる楽しさもあります。

手間をかけてていねいに育てれば、大きな実をたくさん収穫できる。一季なり品種は春から初夏に1回、四季なり品種は春と秋に収穫を楽しめる。

NP-S.Maruyama

2
畑でも庭でも、プランターでも楽しめる

イチゴは野菜のなかでも株があまり大きく育たないため、栽培する場所を選びません。畑がなくても、庭先やプランター1鉢でも十分楽しめます。また、一度栽培を始めたら数年間、育て続けることも可能です（8ページ参照）。

3
ヘルシーでアンチエイジングにも

イチゴには疲労回復や美肌、風邪予防などに効果があるビタミンＣが豊富。品種によって含有量は異なりますが、「1日に5～7粒食べれば、1日の目標摂取量をまかなえる」ともいわれるほどです。

また、赤い色素のアントシアニンはポリフェノールの一種で、目の疲労回復や視力回復に有効とされるほか、活性酸素を減らし、がん予防に効果があるともいわれます。食物繊維は、腸内環境も整えてくれます。

NP-N.Watanabe

プランターの縁から、赤い果実がこぼれるように実る様子は、目にも楽しい。

NP-S.Oizumi

どっさり収穫できたら、ジャムなどに加工しておすそ分けするのも、育てる楽しみの一つ。

4
家庭菜園ならではの品種がある

青果店やスーパーの野菜売り場などで売られているイチゴの多くは、プロの生産農家向け品種。一般には苗が出回っておらず、家庭菜園では育てられない品種もあります（13ページ参照）。逆に、家庭菜園向けに開発された品種もあり、これらは青果店などでは見かけません。

また畑で完熟させ、摘みたてのイチゴの甘さを味わう楽しみもあり、育てた人だけが楽しめる味覚です。畑でプランターで、イチゴ食べ放題を独り占めしてみませんか。

5
育てがいがバツグン

野菜のなかでも、実を収穫するものは栽培の難易度が高めです。イチゴは秋に苗を植えて冬を越させ、春から初夏に収穫する「冬越し野菜」。栽培期間が半年以上と長いことから、より難易度が高くなります。

さらに、「フルーツ野菜」ともいわれるしこう品のような野菜のため、甘くおいしく、かつ大きく育てるには、手間と熱意が求められるといえます。

手をかければかけた分だけ、充実した収穫につながるイチゴは、育てがい、挑戦しがいのある野菜です。

種類とライフサイクル

イチゴは多年草

イチゴは、生育適温が17～20℃と冷涼な気候を好む多年草です。暑さにはやや弱いものの寒さには強く、雪の下でも冬越しできます。生産国は世界の温帯から亜寒帯で、熱帯では1000m以上の高地でないと育ちません。

イチゴは多年草（開花・結実しても枯れず、数年にわたって生育する植物）で何年も続けて栽培できます。ただし、アブラムシが媒介するウイルス病に重複感染して収穫量が減る可能性が高くなるため、毎年新しい苗を植え直すのがおすすめです。イチゴはランナーで栄養繁殖するため、子苗をとれば翌シーズン用の苗作りができます。

一季なりと四季なりがある

イチゴの種類は、一季なり品種と四季なり品種に大きく分けられます。一季なり品種は、春に花を咲かせて初夏まで収穫できるタイプ。一方の四季なり品種は多くの場合、春と秋の２回、花を咲かせて収穫できます。四季なり品種は夏の暑さに強いため、25～30℃になっても花芽分化（はなめぶんか）できるのです。

昔から栽培・流通の主流は一季なり品種で、四季なり品種は「粒が小さく、酸っぱくておいしくない」とされてきました。しかし、近年では品種改良が進み、一季なり品種に劣らない品質のものも増えています。1年に2シーズン収穫できるお得感が魅力です。

Column

露地栽培の旬は５～６月

青果店やスーパーにイチゴが並び始めるのは11～12月。イチゴの旬は、冬だと思っている人も多いでしょう。でも、これはハウスを利用した促成栽培によるイチゴ。休眠が浅い品種を利用して、冬に実をつけさせる栽培技術によるものです。イチゴ本来の生理に合わせて自然条件下で行う露地栽培での旬は、一季なりで5～6月。本書では、露地での家庭菜園を基本に栽培方法を紹介します。

イチゴの育ち方

※露地栽培の場合

❶

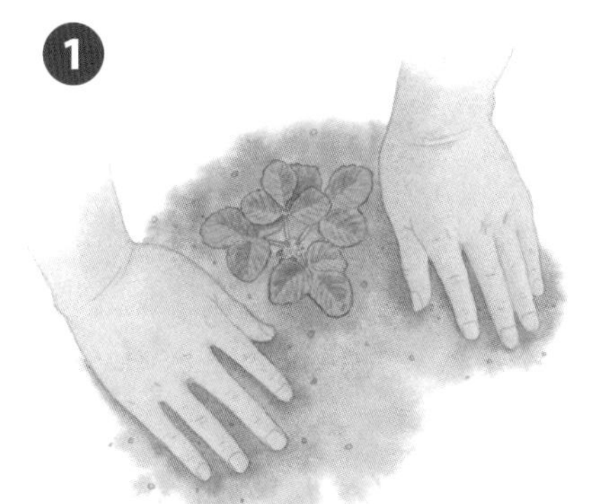

植えつけ　10〜11月

本葉4〜5枚に育った苗を植えつける。

❷

花芽分化　11月

25℃以下の低温短日（気温が低くなって日が短くなること）に反応して、目には見えないが花芽ができる。

❸

休眠　12〜2月

さらに低温短日になると、冬の寒さを乗り切るために休眠する。葉が小さくなり、地面に張りついて覆うようなロゼット状になる。休眠の間に、地下では根がしっかりと張って糖やデンプンを蓄え、春からの生育に備える。

Column

品種で異なる休眠の深さ

イチゴは、気温が5℃以下になると休眠します。その深さは品種によって大きく異なり、休眠が深い品種では1000時間も必要に。これに対して、休眠の浅い品種は100時間程度と約1/10です。促成栽培向けの「女峰」「とちおとめ」「章姫」「さちのか」などは、いずれも休眠の浅い品種です。

休眠から覚める　3月

一定期間5℃以下の低温にあうと、休眠から覚める。クラウン（26ページ参照）のところから、新芽が出始めるのがサイン。
※このころ春苗が出回るので、それを植えつけてもよい。

蕾がつく　3〜4月

目に見える形で蕾がつく。

花が咲き、ランナーが出る　4〜5月

次々に花が咲き、同時に次世代の苗を残すためのランナー（ほふく枝、走出枝　27ページ参照）が出始める。

実がつく　5〜6月（四季なりは〜7月）

品種にもよるが、開花から35〜40日で完熟して収穫できる。ランナーは、次々に出続ける。

ランナーに子苗がつく　6〜7月

気温が25℃以上になると花芽はつかなくなり、収穫は終了。伸びたランナーの先には、子苗がつくようになる。これを次世代の親株にする場合は、育苗する。

一季なり品種の場合

収穫を終えた親株は、掘り上げて片づけます。自分で子苗とりをする場合は、よく育った親株だけ選んで残し、残した親株から子苗をとります。子苗は、親株1株から10株以上とれるので、すべて残す必要はありません。不要な親株は片づけます。

9月になったら、連作にならないよう別の場所を選んで土作りを行い、10月に新しい苗を植えて栽培を始めます。

四季なり品種の場合

気温が下がり始める9〜10月に再び収穫できるので、そのまま栽培を続けます。その間に、必要なら並行して子苗とりを行います。

翌シーズンもイチゴを育てたい場合は、連作にならないよう別の場所を選んで土作りを行い、10月に新しい子苗を植えて別途、栽培を始めます。前年から栽培を続けていた親株は、秋に収穫が終わったら片づけます。

一季なり品種

とちおとめ

栃木県が育成した品種で、国内シェア第1位。2011年から、栃木県以外でも栽培できるようになった。粒が大きめで、糖度が高くバランスのよい酸味がある。実が詰まっているので、しっかりとした歯ごたえがあるのも特徴（三好アグリテックほか）。

さがほのか

佐賀県の育成品種で、九州各地で栽培されている。果皮はつやのある紅色、果肉はきれいな白色。円錐形の実はボリュームがあり、甘みが強くてジューシー。肉質がしっかりしていて、収穫後に日もちするのも魅力（三好アグリテックほか）。

さちのか

福岡県生まれで、九州北部が主産地。2020年から自由に栽培できるようになった。果実はやや大きめの円錐形で、果皮は濃い赤色でつやがあり、果肉や中心部も淡い赤色。甘さと酸味のバランスがよく、ビタミンCの含有量も多い（三好アグリテックほか）。

章姫 あきひめ

静岡県生まれの品種で、「紅(べに)ほっぺ」が品種登録されるまでは静岡県の主力品種だった。細長い円錐形の果実が特徴的。柔らかめで口当たりがよく、ジューシー。酸味が少ないので、しっかりとした甘みが感じられる（三好アグリテックほか）。

女峰 にょほう

栃木県が育成した品種で、1990年代後半までは「東の女峰、西のとよのか」といわれるほど大きなシェアを占めた。小ぶりな実は濃い赤色で、香りが強くみずみずしい。甘みと同時に、ほどよい酸味もしっかり感じられる（三好アグリテック）。

Column

ブランドイチゴの苗が一般に出回らない理由とは？

新品種の開発・育成には、長い時間と莫大なコストや多大な労力がかかります。そうして開発された新品種が農林水産省に種苗登録されると、他者に乱用されないよう、種苗法によって育成者の権利や利益（育成者権）が保護されることになっています。

多くの野菜は種苗会社が品種の開発・育成・販売を行っていますが、イチゴの品種は、ほとんどが各県の農業試験場などで開発・育成されています。県で育成された品種は育成者権により、育成した県が定めた地域でしか栽培できません。それ以外の地域で栽培する場合には、許諾料の支払いが求められます。そのため、青果店などで販売されている人気のブランドイチゴの苗は、多くの場合、他県では販売されないのです。

ただし、育成者権が認められる期間は、25年（果樹などの永年性植物は30年）と決められています。この期間が過ぎれば、誰でも自由に登録品種を栽培、販売できるようになるのです。例えば、2000年に福岡県によって品種登録された「あまおう」は、本書発行時点では福岡県でしか栽培が認められていませんが、2025年には県外での栽培が可能になります。

一季なり品種

紅ほっぺ べにほっぺ

「さちのか」と「章姫」をかけ合わせて、静岡県が育成した。果皮だけでなく果肉も内部まで赤くなることと、ほっぺが落ちるような食味のよさが名前の由来。果実はやや大きめの長円錐形で、イチゴ本来の甘酸っぱさがある（三好アグリテックほか）。

宝交早生 ほうこうわせ

果皮も果肉も柔らかくて輸送が難しいことから一般には流通していないが、うどんこ病や炭そ病に強く、丈夫で育てやすい露地で栽培する家庭菜園向きの品種。放っておいても、そこそこ育つのも魅力。香りが強くて甘く、ほどよい酸味もある（三好アグリテックほか）。

カレンベリー

炭そ病、うどんこ病、萎黄（いおう）病などに抵抗性があり、露地栽培で育てやすい。果房（かぼう）当たりの着果数が少なく、摘果（てきか）しなくても、円錐形でよくそろうので手がかからない。果実の色は赤色で、内部も薄い赤色。ほどよい甘みがある（農研機構九州沖縄農業研究センター）。

おいCベリー おいしーべりー

「さちのか」を親に、ビタミンCを多く含むように九州で開発された品種。機能性が注目されている。大きな果実はつややかな濃赤色で、果肉の中心まで赤い。肉質が緻密で堅いので、日もちする（三好アグリテックほか）。

恋みのり こいみのり

ふっくらとした形の果実は大粒で、薄い赤色。香りが高く、甘みと適度な酸味を兼ね備えており、果肉がしっかりしているので食べごたえがある。サイズのそろいがよく、見栄えのよい実をたくさん収穫できる（三好アグリテックほか）。

もういっこ

「さちのか」を親に宮城県が育成した品種で、おいしくてつい「もういっこ」と食べてしまうことから名づけられた。大粒で果皮は鮮やかな紅色、果肉も淡い赤色。しっかりした果肉は、甘さと酸味が調和したおいしさ（三好アグリテックほか）。

やよいひめ

群馬県が育成した品種で、群馬県の主力品種になっている。サイズが大きめで、果皮はややオレンジがかった明るめの赤色、内部はピンク。きれいな円錐形の果肉は堅く、甘みが強くてまろやかな酸味がある（三好アグリテックほか）。

一季なり品種

星の煌めき ほしのきらめき

つややかな濃赤色の果実は、星の煌めきを連想させる美しさ。大粒で果実の形やサイズがきれいにそろいやすく、育てやすさもバツグン。果肉は堅めで内部まで赤色。香りが強く、コクと適度な酸味を楽しめる（三好アグリテック）。

蜜香 みつか

一度食べたら忘れられない蜜のような濃厚な甘さが持ち味。熟すと強い芳香が立ち込める。甘い果汁を蓄えた果肉は、緻密で真っ白（サントリーフラワーズ）。

白蜜香 しろみつか

「蜜香」の白バージョン品種で、白い果実が目を引く。南国フルーツのような濃厚な甘さが魅力で、強い香りも楽しめる。畑でもプランターでも育てやすい家庭菜園向け品種で、生育が旺盛で次々に花がつく（サントリーフラワーズ）。

桃薫 とうくん

その名のとおり、モモのような華やかで芳醇な香りが特徴的。一般的なイチゴの香りとは、まったく異なる。やや大きめの果実はコロンとした形で、表皮は完熟しても淡いピンク色。果肉は中心まで真っ白で、柔らかくジューシー（タキイ種苗ほか）。

四季なり品種

ドルチェベリー

収穫期は4月下旬〜7月中旬と、9月上旬〜10月上旬。大粒でおいしい四季なり品種の先駆けで、甘みと酸味のバランスがよく、上質な甘さがある。気温が30℃を超えると花芽がつきにくくなるが、涼しくなると再び収穫できる（サントリーフラワーズ）。

めちゃウマッ！ いちご

生育旺盛で育てやすい家庭菜園向け品種。暑さに強く、春から秋まで長期間、連続して花がつくのでどっさり収穫できる。小ぶりで丸みのある果実は糖度が高く、濃厚な味わいを堪能できる（日本デルモンテアグリ）。

めちゃデカッ！ いちご

畑でもプランターでも育てやすい、家庭菜園にぴったりの品種。果実のサイズが大きくボリューム感を楽しめる。耐暑性に優れ、春から秋まで長く収穫できる（日本デルモンテアグリ）。

四季なり品種

天使のいちご AE
てんしのいちご えんじぇるえいと

主な収穫期は4月中旬～7月。家庭菜園向けに開発された白イチゴで、甘みと酸味のバランスがよく、コクのある味が秀逸。丸みのあるかわいらしいフォルムで、香りも楽しめる。果実の表面のツブツブが赤く色づいたら、とりごろ（カネコ種苗）。

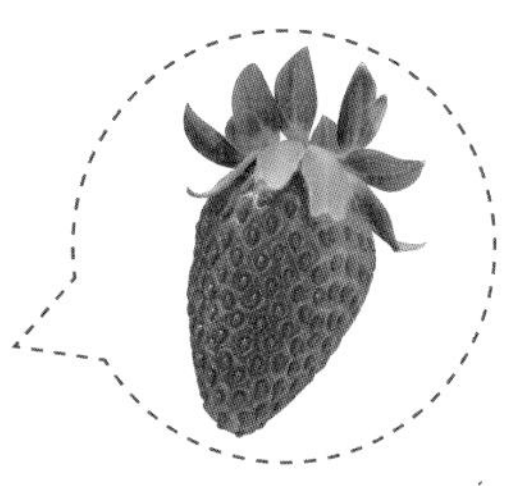

ローズベリー・レッド

収穫時期は4月下旬～8月中旬と、9月中旬～10月上旬。バラのような赤い花が次々に咲くので目にも楽しく、プランターで育てて観賞用にするのもおすすめ。生育が旺盛で花つきがよく、初心者でも育てやすい（サントリーフラワーズ）。

らくなりイチゴ

収穫時期は4月下旬～8月中旬と、9月中旬～10月上旬。うどんこ病に強くて育てやすく、甘酸っぱく大きな果実が次々に実る。肉質は堅めで、サクサクとしたクリスピーな食感は、ほかにはない味わい（サントリーフラワーズ）。

Column

寒冷地でのイチゴ栽培

増産が期待される夏秋どりイチゴ

イチゴは暑さに弱く、一季なり品種は気温が25℃以上で、日長が長い夏には花芽分化しなくなります。一方、四季なり品種のなかには、気温が高くても長日下なら花芽分化する品種があります。これを利用したのが、寒冷地でのイチゴ栽培です。一般平暖地では収穫できなくなる夏から秋に収穫する「夏秋どり」の特徴から、「夏秋（かしゅう）イチゴ」とも呼ばれます。主な産地は北海道、東北地方と高冷地で、4月に苗を植える春植えと、少ないながら6月に植える夏植えの作型があります。

国産イチゴは6～11月が端境期で、その時期のケーキ用イチゴは輸入に頼っているのが現状です。この時期に収穫できる、高品質でおいしい国産イチゴの開発が長年、期待されてきましたが、夏秋どりもできる四季なり品種は育種の歴史が浅いこともあって、生産者が取り入れやすい品種はなかなか開発されませんでした。夏においしくて日もちがし、見栄えもよい果実を、安定して収穫することが難しかったのです。

しかし近年では、国産農産物の需要の高まりに伴って夏秋期の国産イチゴ増産の機運がさらに高まり、各県の研究機関などが育種に着手。高品質で生産しやすい夏秋どり品種が、続々と登場しています。そのおかげで、夏場でもおいしい国産イチゴが食べられるようになってきました。

なかには「なつあかり」や「デコルージュ」のように、量は多くなくても園芸店などで苗が入手でき、家庭菜園で挑戦できる品種も。イチゴの価格が高騰する夏に向けて、ぜひ育ててみてはいかがでしょう。

デコルージュ
四季なり性。果実がつややかで見栄えがよいうえに、果皮がしっかりしているのも特徴。うどんこ病に強いのも魅力（農研機構東北農業研究センター）。

なつあかり
四季なり性。果実が大きくて味がよいため、夏期の生食用品種として人気。甘みの強い実はやや柔らかいが、日もちする（農研機構東北農業研究センター）。

Column

産地がしのぎを削る「イチゴ戦国時代」

イチゴの品種開発は全国の産地で競争に

明治時代半ばに、日本での栽培が定着したイチゴ。戦後、日本のイチゴは独自の進化を遂げます。欧米では加工品用の品種が主なのに対して、日本では生食用に品種改良が行われたからです。「甘くておいしいイチゴを」という消費者のニーズに応えて新品種が発表され、輸送技術の向上と流通網の拡充に伴って、東京や大阪などの大消費地向けに増産されるようになります。

一般的な野菜とイチゴの品種開発には、大きな違いがあります。一般的な野菜の品種は、多くが種苗会社によって開発・改良されていますが、イチゴの品種開発を手がけているのは主に県の農業試験場など。イチゴは価格が高く、消費者にも人気があるため、開発したイチゴの人気が出てブランド化できれば、地域農業の活性化につながります。また、農林水産省に品種登録されれば、種苗法によって一定期間、県内で独占的に栽培できるメリットもあります。他県での栽培には許諾料が必要で、人気の登録品種は収入源にもなるのです。逆にいえば、独占的に栽培できる期間が過ぎれば誰でも自由に栽培できるため、常に新品種の開発を迫られることにつながっていきます。

こうした背景から、栃木県は、1969年には独自品種の開発に着手。「女峰」「とちおとめ」「スカイベリー」などの品種を生み出しました。ほかに、静岡県は「紅ほっぺ」、福岡県は「とよのか」や「あまおう」、佐賀県は「さがほのか」、長崎県は「さちのか」のブランド化に成功。全国の産地が品種開発にしのぎを削る様子から、最近では「イチゴ戦国時代」ともいわれています。

Miyoshi Agritech

とちおとめ

栃木県で開発され、1996年に品種登録された「とちおとめ」は、生産量日本一の品種となった。2011年に登録期限が切れたため、全国各地で栽培が可能に。

Miyoshi Agritech

さがほのか

「とよのか」を親に佐賀県で開発され、2001年に品種登録。2021年に種苗登録の期限が切れたあとは、全国各地で自由に栽培できる品種となる。

12か月
栽培ナビ

主な作業と管理を月ごとにまとめました。
一般的な植えつけの時期である、
秋からの暦としています。
土作りは９月の作業としていますが、
実際の植えつけが 10～11月なので、
その２～４週間前に行うようにしましょう。

収穫が春から初夏となる一季なりと、
秋まで収穫が続く四季なりとで、
作業内容が異なる場合があります。
特に明示していない場合は共通です。
また地植え（畑）とプランターとで、
管理は分けています。
栽培環境に応じて該当する箇所を
参照してください。

Strawberry

NP-S.Kuribayashi

一季なりイチゴの 年間の基本の作業・管理暦

中間地基準

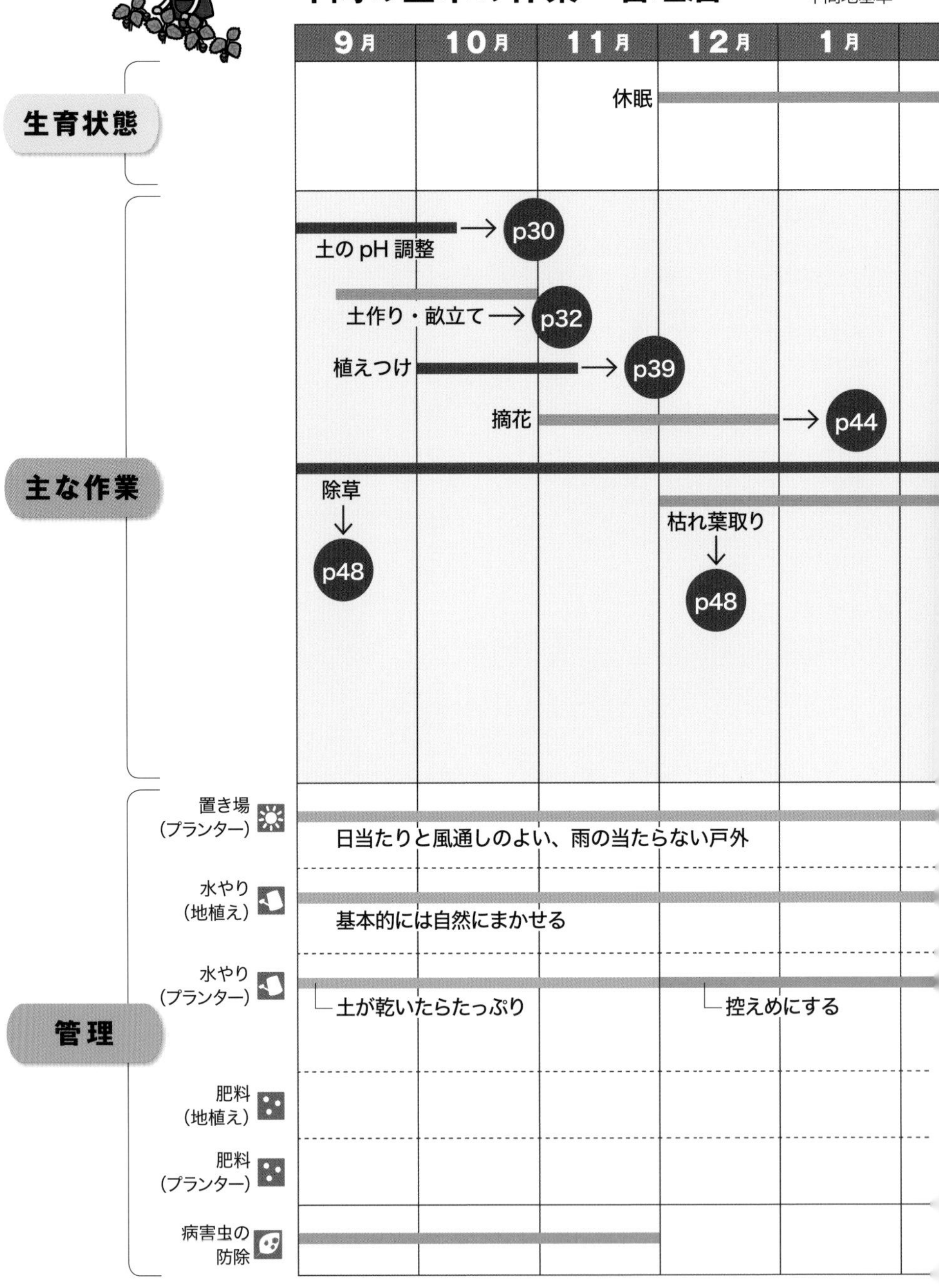

● 寒冷地のカレンダー（一季なり品種）
植えつけ：9月中旬〜10月上旬、4月上旬〜下旬
収穫：6月上旬〜下旬

※ページは該当する作業・管理の最初の箇所

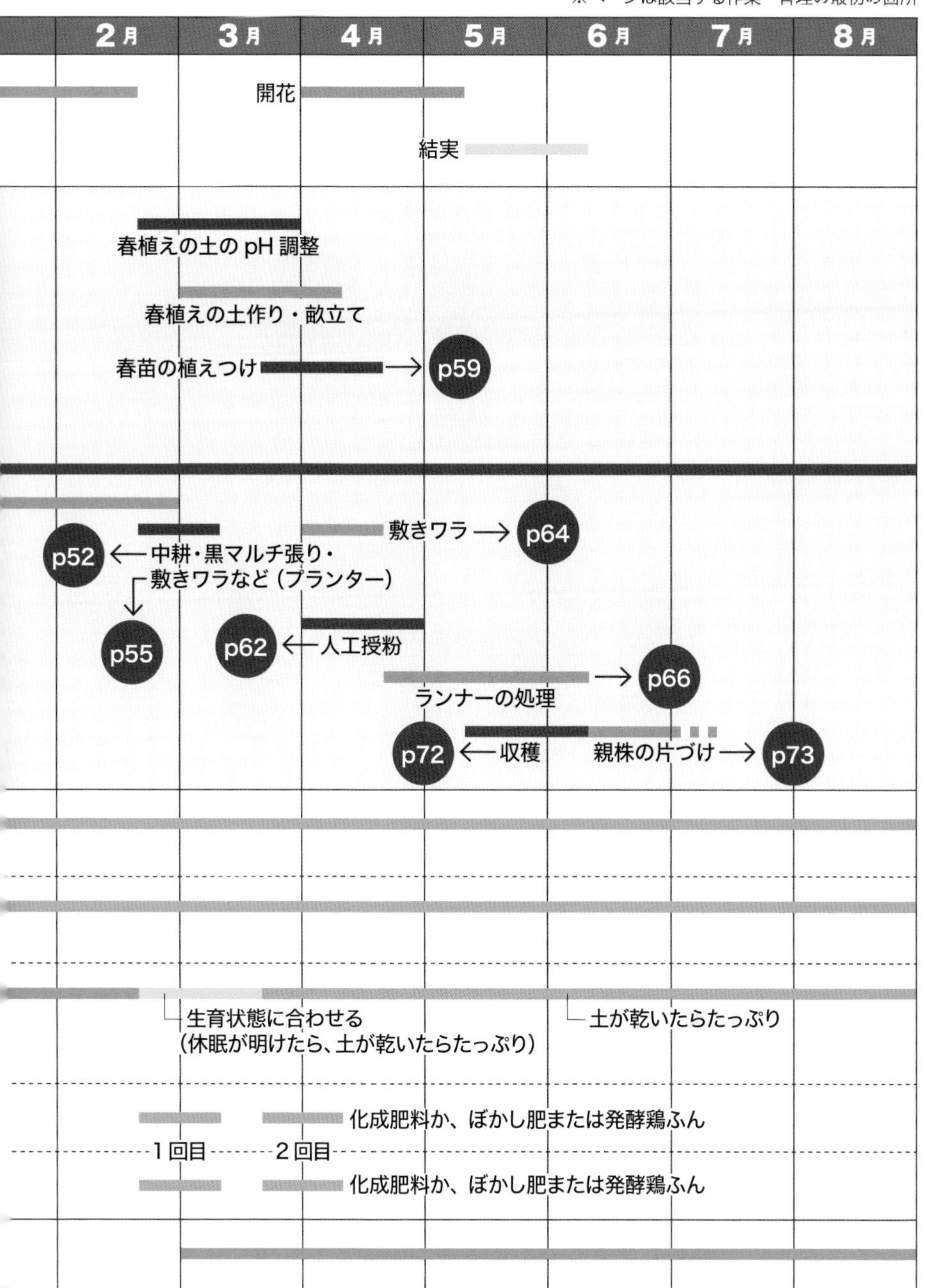

● 暖地のカレンダー（一季なり品種）

植えつけ：10月中旬〜11月中旬、3月上旬〜下旬

収穫：5月上旬〜下旬

四季なりイチゴの 年間の基本の作業・管理暦

中間地基準

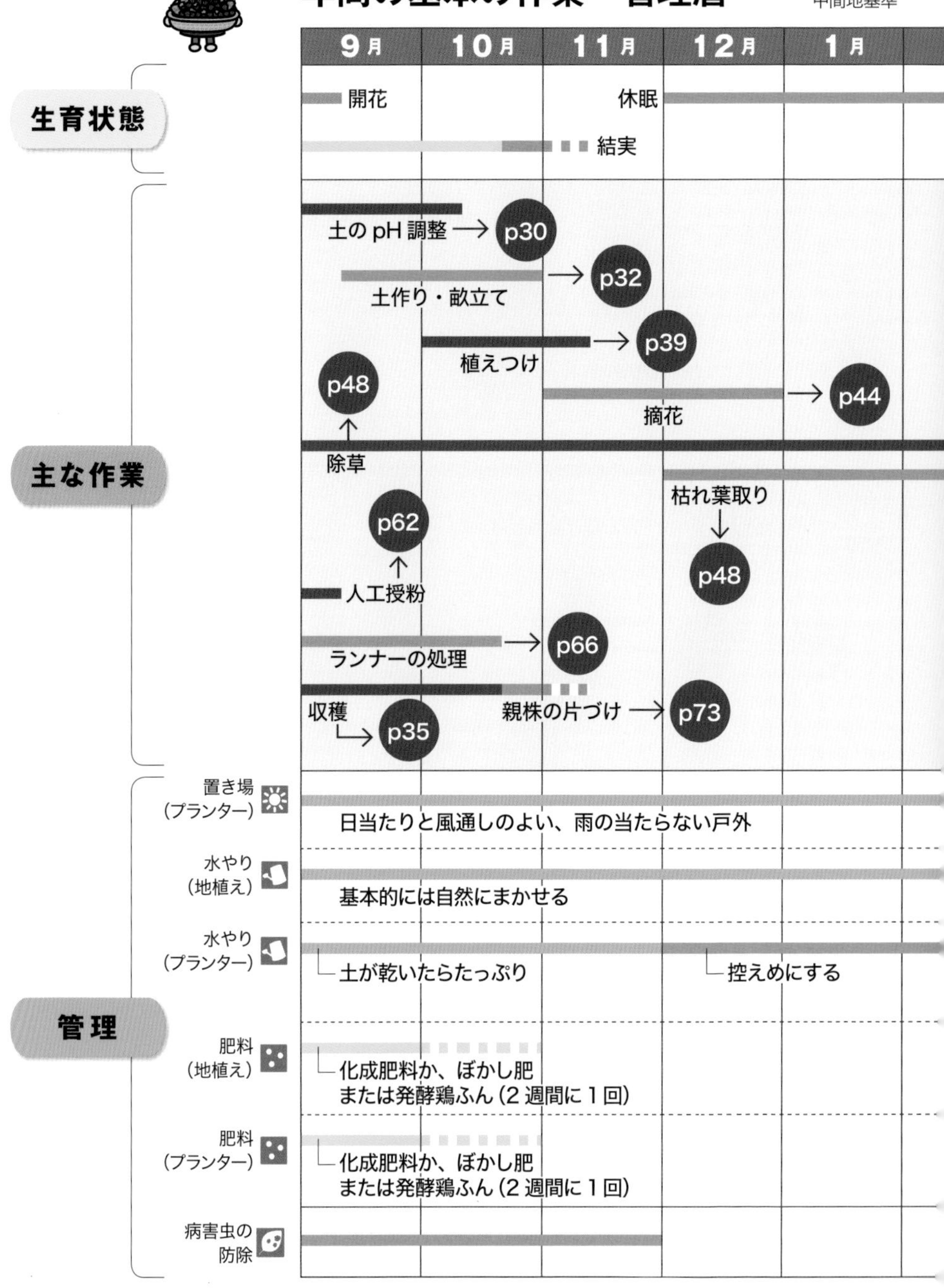

● **寒冷地のカレンダー（四季なり品種）**

植えつけ：9月中旬～10月上旬、4月上旬～下旬、5月下旬～6月中旬（夏秋どり向け）

収穫：6月上旬～11月下旬

※ページは該当する作業・管理の最初の箇所

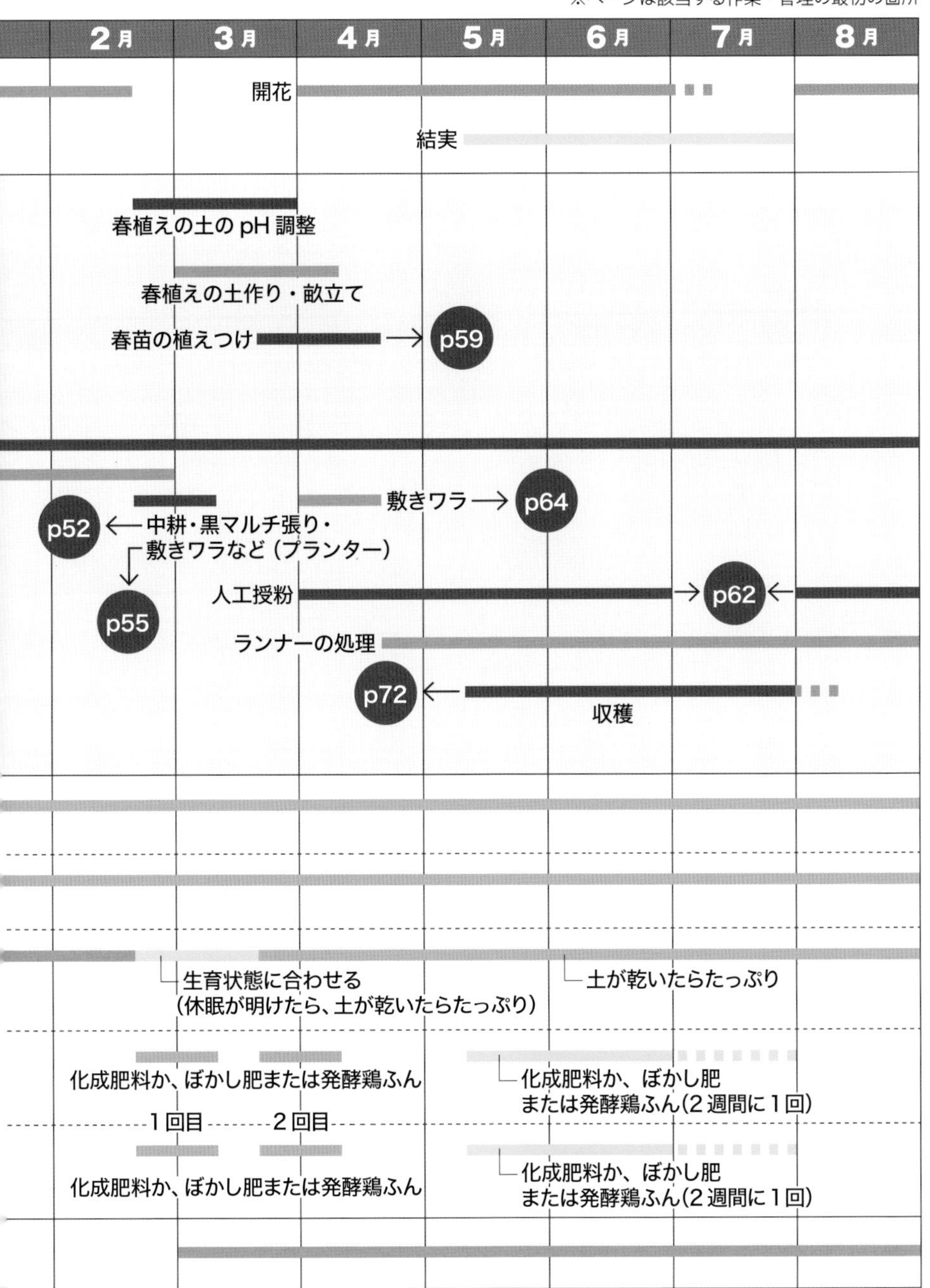

● **暖地のカレンダー（四季なり品種）**
植えつけ：10月中旬～11月中旬、3月上旬～下旬
収穫：5月上旬～7月上旬、9月中旬～10月中旬

イチゴの部位の呼び方

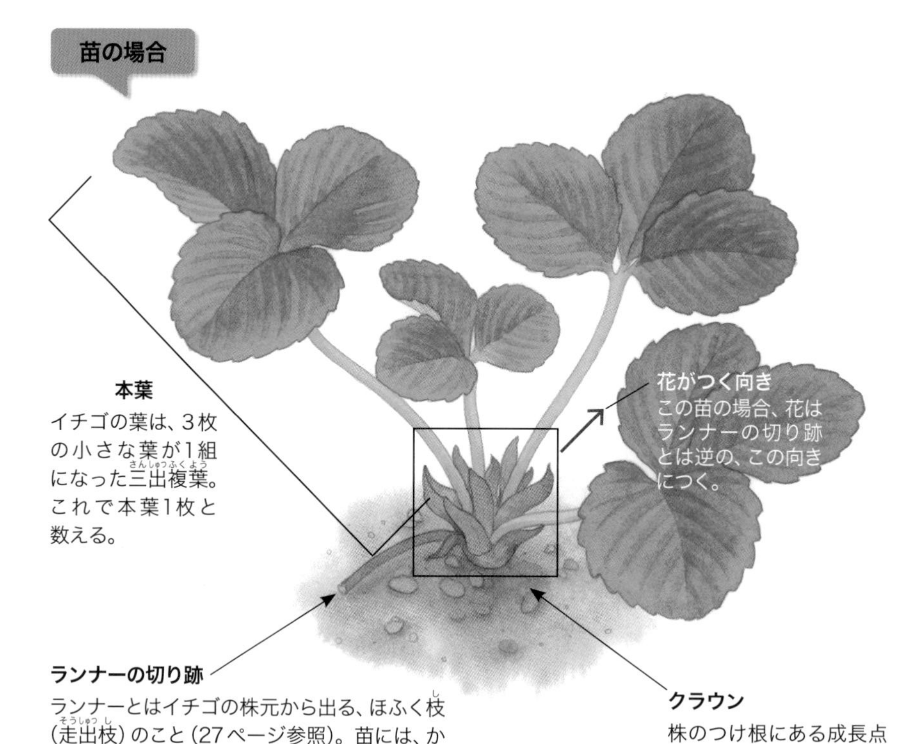

よい苗の選び方

本葉4～5枚で葉の色が濃く、病害虫の被害がない苗を選びます。さらに、クラウンががっちりとして太いことも確認しましょう。イチゴの収穫量はクラウンの太さに比例するといわれ、クラウンが太いと花房がたくさん出て、収穫量アップが期待できます(38ページ参照)。

また、ランナーの切り跡がはっきりわかる苗なら、植えつける向きを簡単に判断でき、植えつけ後の管理作業がラクになります。

成長後の様子

ランナー
イチゴの株元から出るほふく枝。4月、花が咲き始めるころになると、地面を這うようにして旺盛に伸び始める。開花期～収穫期にかけては、実に養分を回すため、つけ根からハサミで切り取る作業が大切（66ページ参照）。

子苗
イチゴは栄養繁殖する野菜で、ランナーの先に子苗ができて株を増やす。収穫が終わったら、ランナーを伸ばして子苗を鉢上げすれば、翌シーズン用の苗になる（76～79ページ参照）。

Column

イチゴの食用部分は「花托」

イチゴの主な食用部分は果実ではなく、正式には花托（かたく）。花床（かしょう）とも呼ばれ、本当の果実ではないことから「偽果（ぎか）」ともいいます。いわば雌しべを支える土台のような部分で、イチゴでは特にこの部分が発達しています。果実（正式には痩果（そうか））は、花托の表面にあるツブツブの部分で、その一つ一つの中にタネが入っています（63ページ参照）。

September

9月

今月の主な作業

基本 土作り　基本 畝立て
基本 四季なり品種の人工授粉
基本 四季なり品種のランナーの処理
基本 四季なり品種の収穫　トライ 土壌改良
トライ 黒マルチ張り　トライ 四季なり品種の摘果

基本 基本の作業
トライ 中級・上級者向けの作業

9月のイチゴ

10～11月の植えつけに向け、土作りを始めるタイミングです。イチゴの根は肥料焼けを起こしやすいため、元肥(もとごえ)の投入後、すぐに栽培を始めるのは厳禁。石灰の投入後、1～2週間たってから堆肥と肥料を投入。植えつけはさらに1～2週間後になります。そのため、植えつけの2～4週間前には、土作りを始めておく必要があるのです。

早ければ9月から苗が出回りますが、早く植えすぎると休眠前に無駄に花が咲き、株が疲れて春先からの収穫量が減ってしまいます。10月まで待つのが得策です。

昨シーズンから育てている四季なり品種は、再び収穫が始まります。

夏越しして、再び実をつけた四季なりイチゴ「ドルチェベリー」。

主な作業

基本 土作り

植えつけの２～４週間前までに行う

必要に応じて石灰を投入することで土のpHを調整し、その後堆肥と肥料で土作りを行います。栽培期間が長いので、肥料切れを起こさないことが大切です（30～32、80～83ページ参照）。

基本 畝立て

畑では、畝(うね)を立てます。畝は野菜のベッドのようなもので、土を盛り上げることで通路と区別がつき、栽培管理がしやすくなるほか、水はけがよくなるメリットもあります（33ページ参照）。

基本 四季なり品種の人工授粉

四季なり品種で行います（62ページ参照）。

基本 四季なり品種のランナーの処理

四季なり品種で行います（66ページ参照）。

基本 四季なり品種の収穫

秋の収穫が始まります（35ページ参照）。

トライ 土壌改良

水はけの悪い畑では、元肥とは別に

今月の管理

- 日当たりと風通しのよい、雨の当たらない戸外
- 地植えは自然にまかせる
  プランターは、土が乾いたらたっぷり
- 追肥（四季なり品種）
- 灰色かび病、ウイルス病、じゃのめ病、アブラムシ、ハスモンヨトウ、ヨトウムシ、オカダンゴムシ、チャノホコリダニ、ナメクジなど

土壌改良用の資材を投入して水はけを改善します（34ページ参照）。

トライ 黒マルチ張り

半促成栽培（42ページ参照）に挑戦する場合は、黒いポリマルチを張ってから苗を植える準備をします。

トライ 四季なり品種の摘果（てきか）

実がつき始めた四季なり品種は、小さな実を摘果して収穫する実を充実させます（69ページ参照）。

Column

子苗をとるなら栽培スペースを確保

イチゴは、ランナーの先に子苗がついて増える野菜。収穫が終わったあと、子苗を利用して、自分で翌シーズン用の苗を育てることができます（76～79ページ参照）。ただし、ランナーはきわめて旺盛に、縦横無尽に繁茂するので、子苗をとるためのスペースをあらかじめ確保しておく必要があります。6月以降は隣を1畝空けるなど、あらかじめ菜園プランに組み込んでおきましょう。

管理

地植えの場合

水やり：基本的には自然にまかせる

肥料：追肥

四季なり品種が開花したら再開します。2週間ごとに化成肥料か、ぼかし肥または発酵鶏ふん（はっこうけい）を施します（35ページ参照）。

プランター植えの場合

置き場：日当たりと風通しのよい、雨の当たらない戸外

水やり：土が乾いたらたっぷり

四季なり品種の花が咲き始めたら、たっぷりと水やりします。

肥料：追肥

四季なり品種の花が咲いたら再開します（35ページ参照）。

病害虫の防除

さまざまな病害虫に注意

四季なり品種は、さまざまな病害虫に注意（防除法は90～93ページ参照）。

基本 土の pH を調整する

適期＝9月上旬〜10月上旬
（植えつけ2〜4週間前）

イチゴはpH6.0〜6.5の土でよく育つ。
pH値を測定して石灰を投入し、調整しておくことが大切。

pH 値を測る

1 土と水を混ぜる

pH測定キットの試薬と反応させるための土を、栽培スペースから採取。水を加えてよく混ぜる。使用する土と水の量は、測定キットの説明書を確認。

NP-S.Maruyama

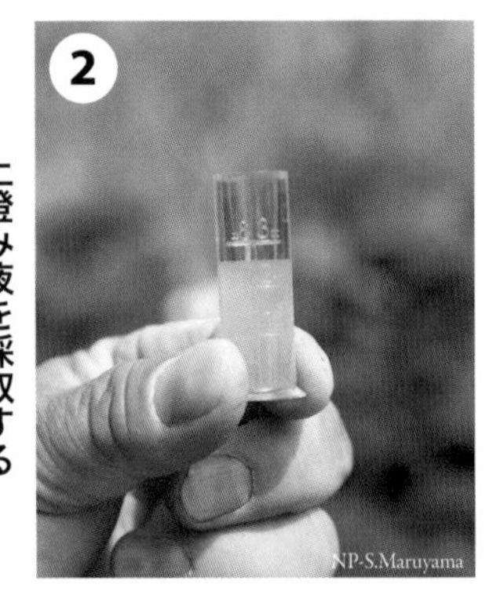

2 上澄み液を採取する

土が沈殿するのを待って、上澄み液を採取する。

NP-S.Maruyama

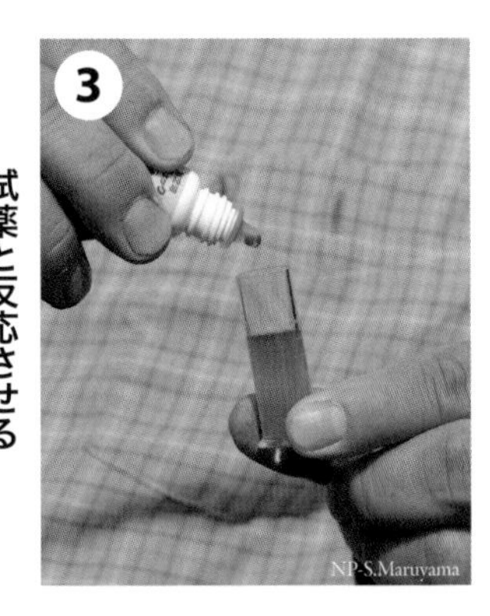

3 試薬と反応させる

測定キットの試薬を加えて反応させる。

NP-S.Maruyama

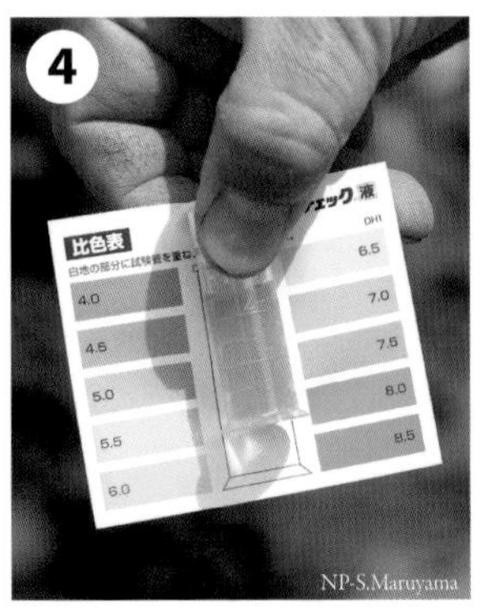

4 色を確認する

カラーチャートと照らし合わせて、pHを確認する。この場合は6.5〜7.0なので、石灰の投入は不要。

NP-S.Maruyama

Column

数か所で測って平均値をとる

土の pH は、ごく近いところでも場所によって異なるため、1 か所だけでなく、栽培スペースの数か所で測定することが大切です。そのうえで平均値をとり、投入する石灰の量を決めます。また、石灰は種類によってアルカリ分の含有量と施用量が異なるので、パッケージの表示を確認するのもポイント。むやみに投入しないよう気をつけましょう。

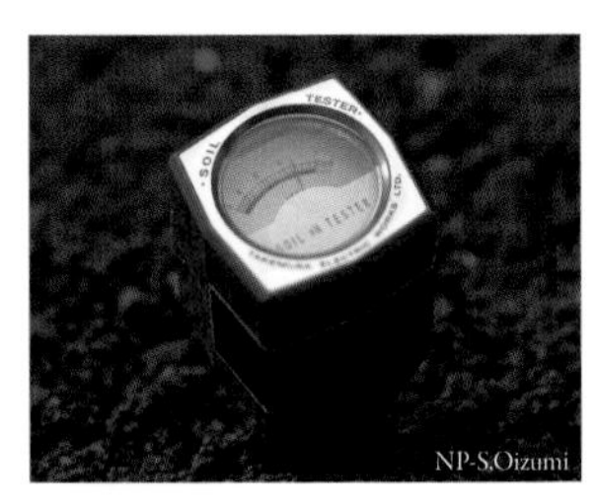

NP-S.Oizumi

土壌酸度計

土にさすだけでpHを測定できる土壌酸度計もある。ただし、土の乾燥具合によっては、測定値に誤差が出る場合も。

石灰を投入する

栽培スペースを決める

栽培する場所を決めて畝幅60㎝（畝の長さは自由）のスペースを測り、畝の長い辺に間縄（下記参照）を張る。

石灰をまく

間縄の内側に、まんべんなく石灰をまく。土質にもよるが、苦土石灰（80ページ参照）の場合、pHを0.5上げるための必要量の目安は約100g／㎡。

よく耕す

投入した石灰が土となじむように、間縄の内側のスペースをクワでよく耕す。

地表をならす

クワの刃のエッジなどで、土の表面をならす。堆肥と肥料を投入するまで、そのまま1～2週間おく。

Column

間縄とは？

栽培スペースを区切るための道具で、あると便利です。用意するのは、ひもと、長さ50㎝ほどの棒４本です。

まず、ひもを畝の長さより長めに切り、両端に結び目を作ります。次に、最終的なひもの長さが畝と同じ長さになるよう調整。これを長さ50㎝ほどの棒に結び目を通せば完成です。

畝の長さに合わせて、ひもを何本か用意しておくと利用しやすい。

基本 堆肥と肥料を投入する

適期＝9月中旬〜10月下旬（植えつけ1〜2週間前）

石灰を投入してから1〜2週間たったら、堆肥と肥料一式を投入して土作り。

用意するもの

※資材の説明は80〜83ページ参照。

●無機肥料＋有機質肥料で育てる場合

・牛ふん堆肥 … 3ℓ／㎡
・化成肥料（N-P-K=8-8-8）
… 100g／㎡
・魚かす … 100g／㎡、
またはバットグアノ… 50g／㎡

●無機肥料だけで育てる場合

・牛ふん堆肥 … 3ℓ／㎡
・化成肥料（N-P-K=8-8-8）
… 100g／㎡
・熔リン … 50g

●有機質肥料だけで育てる場合

・牛ふん堆肥 … 4〜6ℓ／㎡
・発酵鶏ふん … 300g／㎡
・米ぬか、または発酵油かす
… 100g／㎡
・魚かす … 100g／㎡、
またはバットグアノ … 50g／㎡

堆肥を投入する
間縄を張ったスペースの内側全体に、まんべんなく堆肥をまく。

肥料を投入する
次に、使用する肥料を1種類ずつ、間縄の内側のスペースに均一にまく。

よく耕す
堆肥や肥料が土とよくなじむように、クワでていねいに耕す。クワを振り子のように細かく動かすと作業しやすい。

基本 畝を立てる

適期＝9月中旬～10月下旬

土作りが終わったら、すぐに畝を立てておく。

土を盛り上げる

水はけがよい畑なら高さ5～10㎝、水はけが悪い畑では高さ20～30㎝の畝を立てる。間縄の外側の土をクワの刃ですくって、内側に盛り上げる。これを繰り返しながら1周する。

表面をならす

塩ビ管やレーキ、木の板などで表面をきれいにならし、凸凹をなくす。表面に凸凹があると、水がたまって株が傷みやすくなる。

Column

水はけで畝の高さを変えよう

イチゴは水はけが悪いと生育が悪くなったり、根腐れを起こして枯れたりします。土を高く盛り上げる高畝にすると、雨が降っても水が抜けやすくなります。高畝にしても根腐れを起こすほどなら、土壌改良用の資材を投入して、土質自体を改善します（34ページ参照）。

トライ 黒マルチを張る

半促成栽培（42ページ参照）に挑戦する場合は、土作りの直後に黒いマルチを張る。

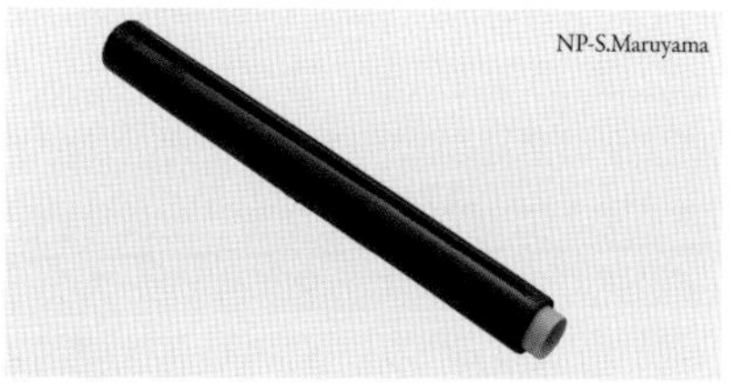

黒マルチ

黒いポリマルチには、地温上昇と雑草防除の効果がある。短くカットしたシート状の製品もある。穴なしタイプがおすすめ。

畝にマルチをかぶせる

畝幅60㎝なので、幅95㎝の穴なしマルチがよい。畝の長さより30～40㎝長めのマルチを用意し、畝の上にかぶせてセンターを合わせる。

土をのせて固定する

マルチのすそに土をのせて、風などで飛ばないように固定する。足先でマルチのすそを踏みながら、クワですくった土をのせればピンと張れる。

トライ 土の水はけを改善する

適度な水もちと過湿による根腐れ防止のため土質診断と土壌改良を。

イチゴがよく育つのは、水はけのよいフカフカの土。一方で水切れは実つきを悪くします(86ページ参照)。適度な水もちのため、菜園の土の状態をチェックし、元肥とは別に、必要な資材を投入することで改善しましょう。

まず、雨上がりの晴れた日に菜園の様子を見てみます。水たまりがなかなかなくならず、いつまでも土が重いようなら水はけが悪いといえます。次に、適度に湿り気を帯びた土を手にとって、握ってみます。握った塊を指で押しても崩れないなら、粘土質で水はけが悪い土です。雨が降るとドロドロになり、乾燥すると硬く締まって、根腐れを起こしやすくなります。

土質診断

○ **水はけのよい土**
土の塊を握って指で押すと、ホロッと崩れる。

× **水はけの悪い土**
土の塊を指で押しても、簡単には崩れない。

土壌改良に使う資材

5ℓ/㎡

川砂
川底に堆積した砂。排水性と通気性がよい。

パーライト
黒曜石や真珠岩を焼成したもので、排水性と通気性に優れる。

NP-S.Maruyama

または

NP-S.Maruyama

7～9ℓ/㎡

NP-S.Maruyama

牛ふん堆肥
牛ふんを、ワラなどと混ぜて腐熟させた動物性堆肥。

＋

NP-S.Maruyama

腐葉土
広葉樹の落ち葉を堆積して腐熟させた植物性堆肥。

基本 四季なり品種の収穫

適期＝9月上旬〜10月中旬

暑さが一服して気温が25℃以下になると、再び収穫が始まる。収穫再開の時期は、品種によって異なる。

収穫適期の様子

へたのきわまで色づいた実から、とり遅れて腐らないうちに収穫する。

ハサミで切る

実が汚れないよう手を添えながら、へたの上の部分をハサミで切る。

トライ 実がつき始めたら摘果

草勢が強い四季なり品種は、花も実もたくさんつきますが、そのままにしておくと小ぶりな実がたくさんつくことに。実がつき始めたら、小さな実を早めに摘み取る「摘果」（69ページ参照）を行うと、大きくておいしい実を収穫できます。もったいないと思わずに、思いきって摘み取ることが大切です。

花が咲いたら追肥を再開

夏の間は追肥を休み、あえて肥料切れを起こさせることで花芽分化を促しましたが、本格的に花が咲き始めたら追肥を再開しましょう。2週間に1回、地植えの場合は化成肥料30g／㎡か、ぼかし肥または発酵鶏ふん100g／㎡を施します。マルチのすそをいったんめくり、畝の肩（畝の側面、立ち上がりの部分）にまいて軽くなじませてから、マルチを元に戻します。

プランター植えの場合は、化成肥料10gか、ぼかし肥または発酵鶏ふん30gを土の表面にまいて軽くなじませます。

October

10月

基本 基本の作業
トライ 中級・上級者向けの作業

今月の主な作業

- 基本 土作り・畝立て
- 基本 四季なり品種のランナーの処理
- 基本 四季なり品種の収穫
- 基本 植えつけ
- 基本 四季なり品種の親株の片づけ
- トライ 半促成栽培
- トライ プランターでクリスマスイチゴ

10月のイチゴ

秋植え用の苗が出回り最盛期となり、植えつけに最適な時期です。よい苗を入手して、適期に植えつけましょう。

昨シーズンから栽培を継続している四季なり品種は、そろそろ収穫終了の時期です。花がつかなくなった親株は、引き抜いて片づけます。今シーズンもイチゴを栽培する場合は、連作にならないよう別の場所で土作りを行い、新しい苗を植え直して株を更新します。そのまま栽培を続けると、ウイルス病に重複感染して収穫量が減ってしまうので、おすすめできません。土作りは、10月下旬なら間に合います。

植えつけ直後のイチゴ。一季なり品種も四季なり品種も、秋植えが基本。

主な作業

基本 土作り・畝立て

9月に準じます(30〜33ページ参照)。10月下旬までに済ませます。

基本 四季なり品種のランナーの処理

四季なり品種で行います(66ページ参照)。

基本 四季なり品種の収穫

四季なり品種は、収穫終了の時期になります(35ページ参照)。

基本 植えつけ

新しい苗を植える

土作りを済ませた畝に、ポット苗を植えます。入手してから時間がたちすぎると、植えつけ後の根の活着が悪くなります。植えつけ直前に入手することをおすすめします。

すでに四季なり品種を育てている場合も、栽培を続けるなら植え直します。

基本 四季なり品種の親株の片づけ

収穫を終えた四季なり品種の親株は、早めに片づけます(73ページ参照)。

今月の管理

- 日当たりと風通しのよい、雨の当たらない戸外
- 地植えは自然にまかせる
  プランターは、土が乾いたらたっぷり
- 追肥（四季なり品種）
- 灰色かび病、ウイルス病、じゃのめ病、アブラムシ、ハスモンヨトウ、ヨトウムシ、オカダンゴムシ、チャノホコリダニ、ナメクジなど

トライ 半促成栽培

休眠の浅い「女峰」「とちおとめ」「章姫」「とよのか」などの品種を選び、黒マルチを張って苗を植えます（42ページ参照）。

トライ プランターでクリスマスイチゴ

花芽のついた苗を植えつけ直後から保温し、休眠させないことでクリスマスの収穫を目指します（43ページ参照）。

灰色かび病（91ページ参照）に侵された四季なりイチゴ。長雨の時期に発生しやすい。

管理

地植えの場合

水やり：基本的には自然にまかせる

苗の植えつけ直後は、たっぷり。

肥料：追肥

四季なり品種の収穫終了まで、2週間ごとに化成肥料か、ぼかし肥または発酵鶏ふんを施します（35ページ参照）。

プランター植えの場合

置き場：日当たりと風通しのよい、雨の当たらない戸外

水やり：土が乾いたらたっぷり

水やりして、根の活着や、収穫中の実の肥大を促します。

肥料：追肥

収穫中の四季なり品種は、地植えの場合と同様に2週間ごとに施します。

病害虫の防除

さまざまな病害虫に注意

四季なり品種は、さまざまな病害虫に注意（防除法は90～93ページ参照）。

基本 よい苗を選ぶ

適期＝10月上旬〜11月上旬

よい苗を選ぶことは、成功への第一歩。よく吟味しよう。

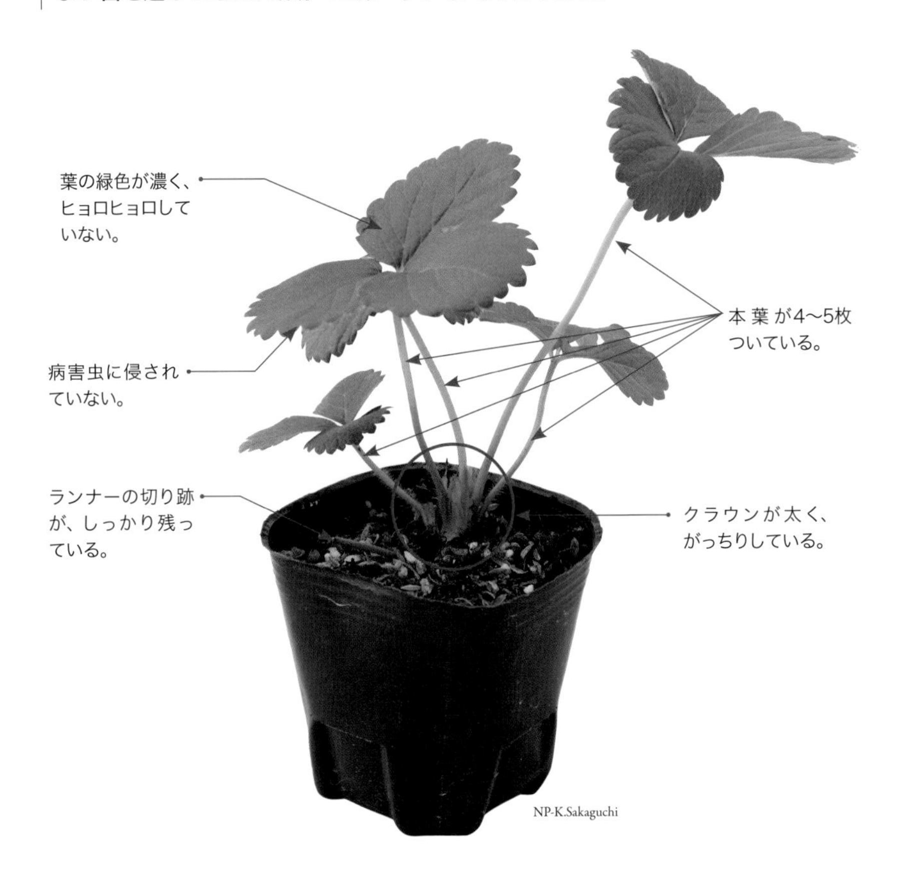

Column

老化苗を植えると……

ポリポットの中で根がグルグル回っている苗を「老化苗」といいます。苗にしてから時間がたったもので、晩秋、苗の出回りの後半に多く見られます。ほかに苗がないからといって老化苗を植えると、根の活着に養分が使われ、葉が落ちてしまうことも。さらに、植えつけ後すぐに寒くなるので生育が止まり、冬の間に根に養分が十分蓄えられません。結果、花芽の数が少なくなって、収穫量が減ります。

基本 畑に苗を植える

適期＝10月上旬〜11月上旬

元肥の投入後、1〜2週間たってから植えつける。イチゴの根は肥料焼けを起こしやすいので、土と肥料がしっかりなじむまで時間をおこう。

1 植え穴をあけて水を注ぐ

移植ゴテで、株間30㎝、列間30㎝、ポリポットの根鉢と同じサイズの植え穴をあける。はす口を外したジョウロで水を注ぎ入れる。

2 苗を植え穴に入れる

水が引いたら、ポリポットから苗を取り出して苗を入れる。手のひらで土の表面を軽く押さえて安定させる。

3 水やり

はす口を上向きにつけたジョウロで、たっぷり水やりする。

ランナーの切り跡の向きをそろえる

イチゴの花は、ランナーの切り跡の反対側につく性質がある。人工授粉や収穫などの作業がしやすいように、2列に植える場合はランナーの切り跡を畝の内側に向けて植えよう。1列に植える場合も、向きをそろえておくと管理作業がラクになる。

正しい植え方

クラウンが、すべて地表に出ている。ただし、これ以上浅く植えると、新しい根が出にくくなって生育が悪くなるほか、乾燥の影響を受けやすくなる。

ダメな植え方

クラウンが土の中に埋まっている。クラウンに新しい葉が出る成長点があるので、土に埋めると新芽が出ずに成長が止まったり、茎が病気にかかりやすくなったりする。

基本 プランターに苗を植える

適期＝10月上旬〜11月上旬

イチゴが好む水はけのよい環境のためには、深さ20㎝ほどのプランターがよい。元肥入りの野菜用培養土で育てる（詳細は84〜85ページ参照）。

鉢底石を敷いて培養土を入れる

水はけをよくするために、底が見えなくなる程度に鉢底石を敷く。その上から、元肥入りの野菜用培養土を鉢縁の2〜3㎝下まで入れる。

苗を植える

手で、ポリポットの根鉢と同じくらいの植え穴をあけ、苗を植えて手で軽く押さえる。はす口をつけたジョウロで、底から水が抜けるくらい、たっぷりと水やりする。

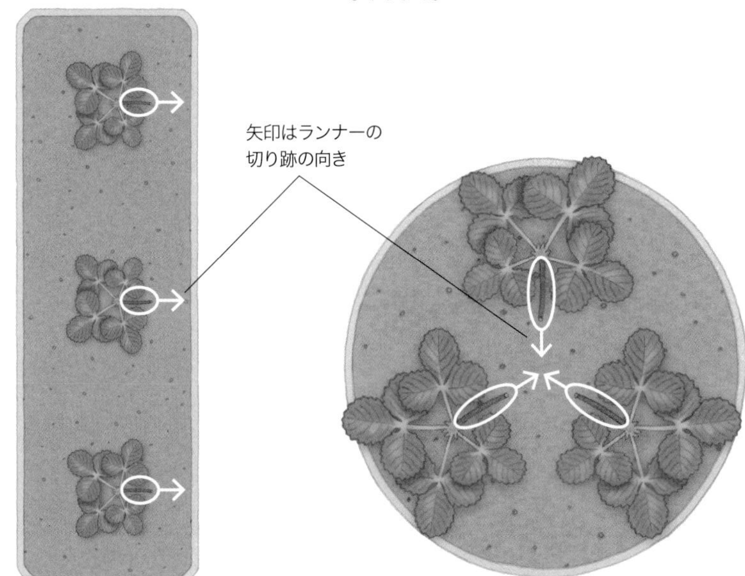

横長プランターの場合

ランナーの切り跡の向きを同じ方向にそろえ、株間を20〜25㎝あけて植えつける。幅60㎝の標準プランターなら、3株が目安（丸型ともに84ページ参照）。

丸型プランターの場合

実がついたときにプランターの縁から実が垂れ下がるように、ランナーの切り跡の向きを内側に向けて植える。直径30㎝のプランターなら、3株が目安。

トライ 収穫期を早める！ 半促成栽培に挑戦

適期＝10月上旬～11月上旬、2月上旬～中旬

露地栽培でも黒マルチとトンネルで保温し、休眠の浅い品種を早めに収穫する。

一般的な露地栽培では、地温が上がらないようマルチを張らずに苗を植えつけて冬越しさせ、休眠が明ける2月下旬～3月上旬に苗の上から黒マルチを張ります（53ページ参照）。厳寒期に地温が高くなると、まだ寒い時期に花が咲くのに実にはならない「無駄花」がつき、株の体力が奪われるためです。

しかし、「女峰」「とちおとめ」「章姫」「さちのか」など休眠の浅い品種（9ページ参照）を利用すれば、露地でも半促成栽培ができます。黒マルチと、透明な穴なしの保温用トンネルシートを併用して地温とトンネル内の温度を上げることで、収穫のスタートを早められるメリットがあります。

ただし、2月下旬ごろからは、換気のために毎日トンネルを開け閉めする必要があるため、こまめにお世話ができる人におすすめです。

10月上旬～11月上旬

黒マルチを張って植えつけ

土作りを済ませた畝に黒マルチを張ってから、苗を植える。植えつけの方法は、マルチを張らない場合と同じ。そのまま育てて、冬越しさせる。

2月上旬～中旬

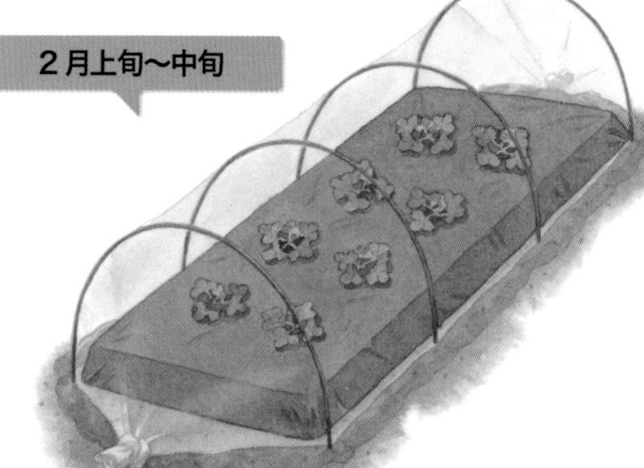

保温用トンネルシートで保温

畝の長い辺にトンネル用支柱を50～60㎝間隔でさして、骨組みを作る。上から透明な穴なしの保温用トンネルシートをかぶせて、2週間ほど密閉する。2週間ほどたって葉が伸び始めたら、日中はトンネルの両側のすそを開けて内部の蒸れを防ぎ、夕方には再び閉じる。トンネルは、花が咲いたら外す。

トライ プランターでクリスマスイチゴに挑戦！

適期＝10月上旬～12月下旬

保温して休眠させず、クリスマスにイチゴを収穫する。

本来、秋に植えたイチゴの収穫は5～7月ですが、プランターならひと足先のクリスマスシーズンに収穫できます。

ポイントは2つ。1つは、花芽がついた苗を10月に植えること。すでに花芽がついている苗なら、植えつけ後に温度をコントロールすることで実がつく可能性が高くなります。

もう1つは、植えつけから収穫まで15℃以上を保つこと。イチゴは低温短日で休眠に入りますが（47ページ参照）、保温することで休眠させずに、クリスマスの収穫を目指す栽培方法です。17～20℃の適温下で栽培すれば、開花から35～40日で収穫できます。栽培中は、花が咲いたら2週間に1回追肥して、株を大きく育てましょう。ランナーの処理も忘れずに。

温度を保って栽培できれば、生産農家のハウス栽培と同様に、クリスマスイチゴに続いて二番花、三番花が咲いて結実するので、収量の総量増が望めます。真冬に収穫するとれたての甘いイチゴの味わいは格別です。

花芽がついている苗を選ぶ。

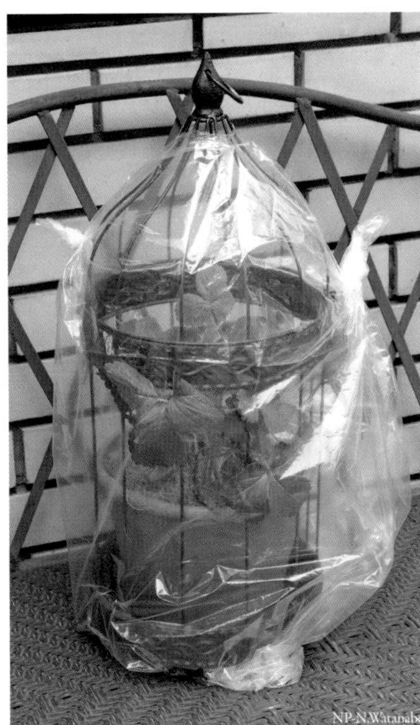

15℃以上を保って、休眠させないことが大切。室内の日当たりのよい窓辺で管理するか、屋外なら透明なポリ袋などで覆って保温する。

November

11月

今月の主な作業

- 基本 植えつけ
- 基本 四季なり品種の親株の片づけ
- 基本 摘花

基本 基本の作業
トライ 中級・上級者向けの作業

11月のイチゴ

秋植え用の苗の出回りは、最終盤となります。植えつけは11月上旬までに済ませましょう。それより遅くなると寒さでうまく根づかず、春からの生育が悪くなります。

すでに苗の植えつけが終わっている場合は、特に作業はありません。11月半ばごろまでは生育が進んで葉が1～2枚増えますが、後半には低温短日の影響で休眠に入ります。ときどき病害虫の被害がないかを確認するほか、雑草があれば抜いておきましょう。

10月に植えつけてから、2週間たったイチゴ。新芽は出ているが、葉はロゼット状になりかけている。

主な作業

基本 植えつけ

10月に準じます（38～41ページ参照）。すでに四季なり品種を育てている場合も、栽培を続けるなら植え直します。

基本 四季なり品種の親株の片づけ

10月に準じます（73ページ参照）。

基本 摘花（てきか）

花は早めに摘み取る

一度気温が下がってから暖かい日が続くと、11～12月に花が咲くことがあります。来春の収穫に向けて株を充実させるため、早めに摘み取りましょう。受粉して実をつけさせるには最低気温が6℃以上必要なので、5℃以下になる地域では、開花してもその後の寒さで実はつきません。

今月の管理

- 日当たりと風通しのよい、雨の当たらない戸外
- 地植えは自然にまかせる
  プランターは、土が乾いたらたっぷり。
  休眠に入ったら控えめに
- 不要
- ウイルス病、アブラムシ、オカダンゴムシ、コガネムシ、ナメクジなど

管理

地植えの場合

水やり：基本的には自然にまかせる

苗の植えつけ直後は、たっぷり水やりして根の活着を促します。

肥料：不要

プランター植えの場合

置き場：日当たりと風通しのよい、雨の当たらない戸外

水やり：土が乾いたらたっぷり

植えつけ後は水切れに注意し、土が乾いたらたっぷりと水やりして根の活着を促します。休眠に入って株がロゼット状になったら、控えめにします。

肥料：不要

病害虫の防除

ウイルス病、アブラムシなど

気温が下がると、被害は少なくなります。アブラムシやそれによって媒介されるウイルス病、オカダンゴムシ、ナメクジなどに注意します（防除法は90～93ページ参照）。

Column

同じ畝で違う品種を育てても大丈夫？

多くの品種があるイチゴ。栽培できるスペースは限られていても、いろいろ育ててみたくなることでしょう。

同じ畝で異なる品種を育てると、確かに花粉は交雑します。しかし、イチゴのように果実を食べる野菜は、別の品種の花粉を受粉して交雑しても、タネの性質は果実の出来には影響しません。果実と一緒にタネも食べますが、タネを味わう野菜ではないので不都合がないのです。

なお、「果実」と呼ばれているのは偽果（ぎか）で、正確には花托（花床）が肥大したもの。タネは、花托の表面にあるツブツブ（痩果（そうか））の中に入っています（63ページ参照）。交雑しても、食用部分に影響は出ないのです。

12・1月

今月の主な作業

基本 摘花
基本 除草
基本 枯れ葉取り

基本 基本の作業
トライ 中級・上級者向けの作業

12月のイチゴ

クリスマスが近づくにつれ、店頭にはイチゴが並びます。これは暖房の効いたビニールハウスや温室の中で、夜間も照明をつけて短日を防ぐことで促成栽培したもの。露地栽培のイチゴは休眠期に入ります。寒さに耐えるために、葉が地表を覆い、寒さで赤く色づきますが、病気ではないので心配はいりません。

イチゴは寒さに強く、春からの充実のためには寒さに当てる必要があるので、基本的に保温は不要です。プランター栽培では土が凍結しないよう、気温が上がる時間帯に水やりをします。

1月の様子。紅葉した葉が地表を覆うロゼット状になっている。

主な作業

基本 摘花

花が咲いたら早めに摘み取る

11月に準じます（44ページ参照）。

基本 除草

冬もときどき行う

寒い時期なので雑草が繁茂することはありませんが、肥料分を奪われないように見つけたら引き抜きます（48ページ参照）。

基本 枯れ葉取り

放置すると病害虫の原因に

寒さで、葉が枯れることがあります。1株につき1～2枚枯れた程度なら自然なことで、株全体が枯れてしまったわけではないので問題ありません。ただし、放っておくと病害虫が発生する原因になるので、ときどき菜園を見回って見つけたら摘み取ります（48ページ参照）。

イチゴは寒さで紅葉します。紅葉した葉は生きているので、摘み取ってはいけません。

今月の管理

- 日当たりと風通しのよい、雨の当たらない戸外
- 地植えは自然にまかせる
  プランターは、控えめに
- 不要
- 特になし

管理

地植えの場合

水やり：**基本的には自然にまかせる**

肥料：**不要**

プランター植えの場合

置き場：**日当たりと風通しのよい、雨の当たらない戸外**

水やり：**控えめにする**

寒さで地上部の生育が止まる休眠期は、水をあまり必要としません。とはいえ、根は地下で生育を続けているため、水切れしない程度に控えめにやります。早朝や夕方に水やりすると土が凍結する原因になるので、午前10〜12時に行うのが理想的です。

肥料：**不要**

病害虫の防除

特になし

気温が下がる休眠期には、大きな被害はありません。

イチゴの休眠は２段階ある

Column

イチゴの休眠には、２段階あります。「自発休眠」と「強制休眠（他発休眠）」です。イチゴは、低温短日になると自発休眠に入って深く眠り、続いて強制休眠に入ります。

自発休眠では、栽培環境をイチゴの生育に適した条件に整えても成長しなくなります。たとえ春のような暖かさになっても、目覚めません。

これに対して、5℃以下の寒さに十分当たったあとに続く強制休眠は、栽培環境が生育に適さないために、強制的に生育が抑制されているもの。暖かい環境を整えれば、すぐに生育を始めます。そのため、春のような気候が続くと、露地栽培でもまれに11〜12月に花が咲くのです。

冬どりイチゴの促成栽培はこの性質を利用したもので、自発休眠から覚める時期に夜間の暖房と照明で栽培環境をコントロールし、強制休眠させないようにして栽培します。

基本 除草する

適期＝雑草があったらいつでも

肥料分を雑草に奪われないよう、見つけたら抜き取る。

冬越し中の畑の様子。繁茂しているわけではないが、ところどころに雑草が生えている。

ときどき菜園を見回って、気づいたときに引き抜く。

基本 枯れ葉取り

適期＝12月上旬～2月下旬

寒さで枯れた葉があったら、見つけしだい摘み取る。

冬越し中は、寒さで葉が枯れることがある。

放っておくと病気や害虫が発生する原因になるので、見つけしだい摘み取る。

Column

冬越しのコツ

**寒さが厳しい場合は
ワラで土の凍結を防ぐ**

近年は異常気象が続き、極端な暖冬だったり、立て続けに寒波がやってくる寒冬だったりと予測ができません。

イチゴは寒さに強い野菜で、－５～－６℃の寒さなら平気です。春の収穫に向けて一定期間、寒さに当てる必要もあるため、過度な保温は生育にとって逆効果。保温用のトンネルシートをかけるなどして保温すると、いつまでたっても休眠から覚めず、春になっても生育を始めず、花を咲かせなくなります。とはいえ、強い霜が降りる地域や、長期的に－５℃以下の日が続く場合は、寒さ対策をしたほうがよいでしょう。

地植えの場合は、敷きワラが効果的。ワラ自体には保温効果はありませんが、霜や土の凍結を防ぐことができます。プランター栽培では敷きワラをするほか、北風が当たる場所を避けて移動させます。水やりの時間帯にも配慮が必要で、土が凍結しないよう早朝と午後を避けます。おすすめは、午前10～12時の水やりです。

畝を覆うようにワラや切りワラを敷くだけでも、イチゴにとっては十分な寒さ対策となる。

**暖冬の年は、年明け早々に
冬越しが終わることも**

暖冬の年には、休眠から早く目覚めて１～２月に花を咲かせることもあります。暖かくなったことで強制休眠が打破され、イチゴにとっての生育環境が整ったということです。こうなったら、冬越しは終わり。追肥やマルチ張り、人工授粉など、冬越し後に行うべき作業を前倒しで行いましょう（作業の詳細は50ページ以降を参照）。開花後に5℃以下の寒さが続く場合は、保温用のトンネルシートをかけてもよいでしょう。

同じ月でも、イチゴの生育状況はその年の気候条件によって大きく異なります。「1月だから、この作業はしなくてよい」「2月になったから行う」のではなく、あくまでもイチゴの生育に合わせたお世話をすることが大切です。

1月下旬に開花した、プランターのイチゴ。地表面からの輻射熱で土が温まりやすいプランターでは、暖冬の年に開花が早まることが多い。

February

2月

今月の主な作業

- 基本 除草
- 基本 枯れ葉取り
- 基本 追肥（1回目）後の中耕
- 基本 黒マルチ張り
- 基本 春植えの土作り（土の pH 調整）
- トライ 半促成栽培のトンネルがけ

基本 基本の作業
トライ 中級・上級者向けの作業

2月のイチゴ

通常は、2月半ばごろまで休眠期間が続きます。休眠から覚めるとクラウンの部分から新芽が出始め、次第に葉が立ち上がってきます。新しい葉の生育を促すために、追肥を行います。同じタイミングで株の上から黒マルチを張って、一気に地温を上げると同時に、土の乾燥や雑草の繁茂も防ぎます。

冬の寒さが厳しい年には、まだ積雪が残っていたり、土が凍結していて作業ができないこともあります。イチゴの休眠も続いているはずです。無理せずに、雪解けを待ってから作業を行いましょう。

休眠から覚めたイチゴの様子。株の中心から、新芽が出始めている。

主な作業

基本 除草

12･1月に準じます（48ページ参照）。

基本 枯れ葉取り

12･1月に準じます（48ページ参照）。

基本 追肥（1回目）後の中耕

1回目の追肥後に行う

肥料を施したら、小クマデや移植ゴテなどで、冬越し中に風雨で硬く締まった土の表面を軽く耕します。肥料が土となじみやすくなるほか、水はけと通気性がよくなり、根がよく張ります。

基本 黒マルチ張り

追肥・中耕のあとに行う

すでに植えつけている株の上から、黒マルチを張ります。植えつけ時にマルチを張らないのは、冬の寒さにしっかり当てるためと、地温が上がることで無駄に花が咲いて株が消耗するのを防ぐためです（53ページ参照）。

基本 春植えの土作り（土の pH 調整）

春苗を植える場合は、石灰による土の pH 調整を始めるタイミングです。方法は9月に準じます（30～31ページ参照）。

今月の管理

- 日当たりと風通しのよい、雨の当たらない戸外
- 地植えは自然にまかせる
  プランターは、休眠中は控えめに。
  休眠明けは土が乾いたらたっぷり
- 追肥（1回目）
- 特になし

トライ 半促成栽培のトンネルがけ

2月上旬〜中旬に行う

植えつけ時からマルチを張って半促成栽培をしている場合は、2月上旬〜中旬に穴なしの保温用トンネルシートをかけて保温し、強制的に休眠から目覚めさせます（42ページ参照）。

Column

ポリマルチは黒を選ぼう

ポリマルチの色には、黒のほかに透明、シルバー、白などがあります。地温上昇の効果が最も高いのは透明ですが、25℃以上になると花芽がつかなくなるイチゴの場合、収穫終了が早まるリスクがあります。また、地温を下げる効果があるシルバーマルチや白マルチは、地温を上げたい春先の使用には不向き。おすすめは、その中間の性質をもつ黒マルチです（53ページ参照）。

管理

地植えの場合

水やり：基本的には自然にまかせる

肥料：追肥（1回目）

新芽が出たら化成肥料か、ぼかし肥または発酵鶏ふんを施します。

プランター植えの場合

置き場：日当たりと風通しのよい、雨の当たらない戸外

水やり：生育状態に合わせる

休眠中は控えめに、休眠明けは土が乾いたらたっぷりやります。早朝や夕方に水やりすると土が凍結する原因になるので、午前10〜12時に行うのが理想的です。

肥料：追肥（1回目）

新芽が出たら化成肥料か、ぼかし肥または発酵鶏ふんを施します。

病害虫の防除

特になし

まだ気温が低いので、大きな被害はありません。

追肥（1回目） 基本 中耕

適期＝2月下旬〜3月上旬

休眠が明けたら、新しい葉の生育を促すために肥料を施す。

施肥量の目安 ※資材の説明は80〜83ページ参照。

●地植えの場合

・化成肥料（N-P-K=8-8-8）… 30g／㎡

または

・ぼかし肥、または発酵鶏ふん

… 100g／㎡

●プランターの場合

・化成肥料（N-P-K=8-8-8）… 10g

または

・ぼかし肥、または発酵鶏ふん

… 30 g

畑の場合

1 畝全体に肥料を施す

畝の表面全体に、肥料をまんべんなく施す。

2 軽く耕す

土の表面を小クマデなどで中耕し、水はけと通気性をよくする。

プランターの場合

土の表面全体に施す

土の表面全体に肥料を施し、小クマデなどで中耕する。

基本 黒マルチ張り　適期＝2月下旬〜3月上旬

追肥・中耕のあと、すぐに行って地温を上げ、新葉の生育を促す。

マルチは穴なしを選ぶ

イチゴ栽培には黒マルチがおすすめですが、黒マルチにも穴なし、穴あきなどさまざまな種類があります。必ず、穴なしタイプを選びます。すでに植わっている株の上からかけるので、穴の位置を自分で決められるほうがよいのです。

イチゴの畝幅は60㎝なので、幅は95㎝の製品がおすすめです。広い畑なら長さのあるロール状（写真下）、狭い畑なら短いシート状のものがよいでしょう。

NP-N.Watanabe

シート状

ロール状

NP-T.Narikiyo

Column

マルチを張るメリット

マルチには、さまざまな効果があります。使用する黒マルチには、地温上昇、土の乾燥防止、雑草防除、泥のはね返りが原因となる病気の予防、土からの水分の蒸発を防いで地上部の蒸れを抑える効果があります。

さらに、イチゴ栽培に利用すると、実を土の汚れから守り、土に触れて傷むのを防ぐ効果もあります。マルチの上にワラを敷くと、実の保護効果はより高まります（64〜65ページ参照）。

NP-M.Fukuda

マルチを張っていれば、実が土に触れないので傷みにくい。庭先で栽培していて見栄えや株数からマルチを張りたくない場合は、敷きワラだけでもよい。

地植えの場合

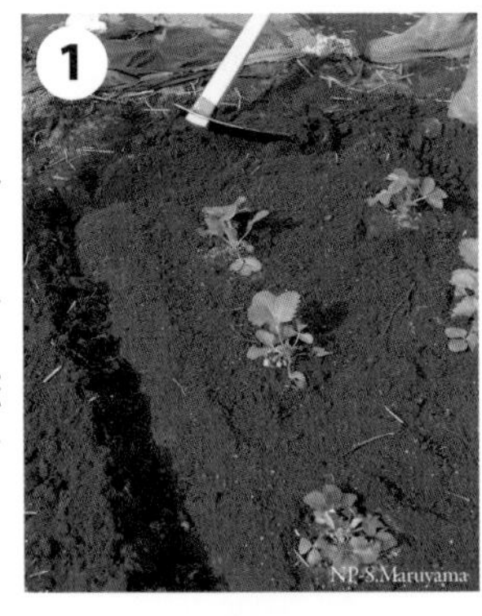

畝のエッジを整える

冬越し中に風雨で崩れた畝のエッジを、クワで斜め45度に整える。

株の上からかぶせる

幅95㎝で穴なしの黒マルチを株の上からかぶせる。畝の短い辺の片側で、マルチのすそに土をのせて固定する。

センターを合わせる

土で固定した辺の反対側に回って、畝の長さに合わせてマルチを切り、センターを合わせる。

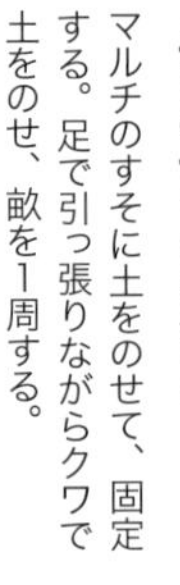

土をのせて固定する

マルチのすそに土をのせて、固定する。足で引っ張りながらクワで土をのせ、畝を1周する。

土をのせたところ

イチゴが植わっているところが、盛り上がっているのがわかる。

指で穴をあける

イチゴが植わっている位置を手で探り、あたりをつけて指でマルチに穴をあける。

株を引き出す
指であけた穴から、株を引っ張り出す。葉がちぎれないように注意。

ピンと張り直す
すべての株をマルチの上に引っ張り出したら、土に埋めたマルチのすそを四方に引っ張り、ピンと張り直して完了。

プランターの場合

ポリマルチを張りにくいプランター栽培では、ワラやヤシの繊維などを敷きます。地植えに比べると、床面からの輻射熱や、プランターの側面への日照によって地温が上がりやすいので、マルチによる地温上昇効果はなくても大丈夫。泥のはね返り防止と、実の保護を優先します。

土の表面が見えなくなるくらいに、ワラを敷く。切りワラでもよい。

ヤシの繊維もおすすめ
ココヤシの実からとった繊維。ふんわりしていて、イチゴの実の保護におすすめ。

March

3月

今月の主な作業

基本 除草　基本 枯れ葉取り
基本 黒マルチ張り
基本 春植えの土作り・畝立て
基本 追肥（2回目）後の中耕
基本 春苗の植えつけ
トライ ダブルマルチがけ

基本 基本の作業
トライ 中級・上級者向けの作業

3月のイチゴ

春植え用の苗が出回り、春の植えつけ適期になります。流通の主流は四季なり品種です。秋植えほどの収穫量ではありませんが、5〜7月に収穫できます。

秋に植えたイチゴは、月の前半と後半とで様子が大きく異なります。

休眠から覚めて新しい葉が増え始める時期ですが、冬の寒さが厳しかったり、積雪があったりする年の場合、月の前半はまだ休眠していることも。それが、後半になると成長を再開し、早い年では花が咲き始めることもあります。3月下旬には2回目の追肥を行って、花芽分化（はなめぶんか）と結実を促しましょう。

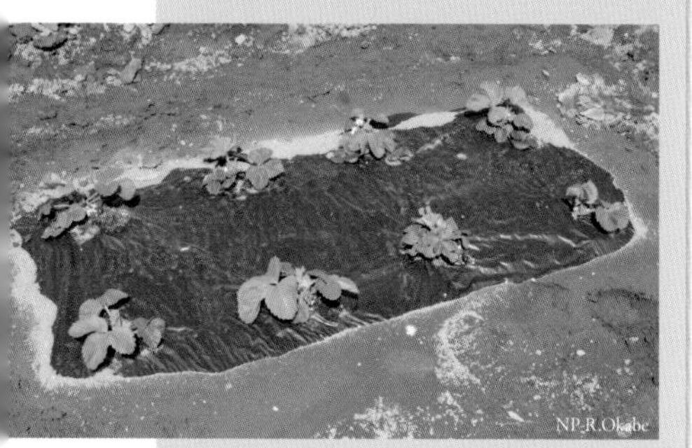

早ければ、3月下旬から花が咲き始める年もある。

主な作業

基本 除草

12・1月に準じます（48ページ参照）。

基本 枯れ葉取り

12・1月に準じます（48ページ参照）。

基本 黒マルチ張り

2月に準じます（53〜55ページ参照）。

基本 春植えの土作り・畝立て

9月に準じます（30〜34ページ参照）。

基本 追肥（2回目）後の中耕

1回目の追肥の1か月後（58ページ参照）。

基本 春苗の植えつけ

春苗の植えつけ適期

土作りを行い、黒マルチを張ってから苗を植えます。植えつけの方法は10月に準じます（38〜41ページ参照）。

トライ ダブルマルチがけ

畝の肩にシルバーマルチを張る

アブラムシの防除に効果があります。黒マルチの上から、畝の肩の部分にだけシルバーマルチを張ります。3月下旬〜4月上旬に行うと、効果が高まります（59、92ページ参照）。

今月の管理

日当たりと風通しのよい、雨の当たらない戸外
地植えは自然にまかせる
プランターは、休眠中は控えめに。
休眠明けは土が乾いたらたっぷり
追肥（1回目、2回目）
ウイルス病、萎黄病、アブラムシ、
オカダンゴムシなど

管理

地植えの場合

水やり：基本的には自然にまかせる

春苗を植えた場合、植えつけ直後は根の活着を促すためにたっぷりとやります。

肥料：追肥（1回目、2回目）

1回目は新芽が出たころ。例年なら3月上旬ごろまでに、化成肥料か、ぼかし肥または発酵鶏ふんを施します。2回目はその1か月後に、同じ要領で施します。施用量は、2月に準じます（52ページ参照）。

プランター植えの場合

置き場：日当たりと風通しのよい、雨の当たらない戸外

水やり：生育状態に合わせる

休眠中は控えめに、休眠明けは土が乾いたらたっぷりやります。春苗を植えた場合、植えつけ直後は根の活着を促すため水切れに注意しましょう。

まだ気温が低い時期には、早朝や夕方に水やりすると土が凍結する原因になるので、午前10～12時に行うのが理想的です。気温が上がり始めたら、午前中に水やりします。

肥料：追肥（1回目、2回目）

1回目は新芽が出たころ。例年なら3月上旬ごろまでに、化成肥料か、ぼかし肥または発酵鶏ふんを施します。2回目はその1か月後に、同じ要領で施します。施用量は、2月に準じます（52ページ参照）。

病害虫の防除

アブラムシ、ウイルス病など

3月下旬ごろから、アブラムシが急増します。アブラムシはウイルス病を媒介するので、シルバーマルチなどで忌避するほか、早めに見つけて粘着テープなどで駆除します。

雨が続くときには、萎黄（いおう）病にも注意が必要です。畝の周囲に溝を掘るなどして水はけをよくします（特徴や対策は90ページ参照）。

追肥（2回目）

適期＝3月下旬〜4月上旬

1回目の追肥の1か月後に行う。
1回目の追肥を3月に行った場合は、4月の作業となる。

地植えの場合

1 適期の株の様子

葉の数が増えて、株によっては花も咲き始めている。

2 マルチの穴に施す

片手で株を横に倒し、マルチの各穴に施肥（せひ）する。施肥後は、指で軽く土となじませる。

プランターの場合

1 全体に施す

プランターの土の表面に、まんべんなく肥料を施す。

2 土となじませる

移植ゴテなどで、肥料と土を軽くなじませる。

基本 春苗の植えつけ

適期＝3月下旬～4月中旬

よい苗の選び方は、秋植えと同じ。マルチを張ってから植える。

冬越しさせずに収穫できる

冬の寒さに当てない分、秋植えほどの収穫量は望めませんが、冬越しさせない栽培期間の短さがメリットです。土作りを済ませた畝に、黒マルチを張って植えつけます。

春に出回る苗の多くは、冷蔵庫に入れるなどして人工的に寒さに当てたもの。温度や日長への感受性が鈍い四季なり品種は問題ありませんが、一季なり品種の場合、十分な寒さに当たっていないと花芽がつかない場合があります。春に一季なり品種の苗を植えるなら、花つきの苗を選びましょう。十分に寒さに当たっていて、花芽分化できる状態にある証拠です。

四季なり品種の春苗。写真は「四季なりカレンベリー」。

NP-N.Watanabe

トライ ダブルマルチがけ

適期＝3月下旬～4月上旬

アブラムシの防除に効果的。高温期には、地温が上がりにくいメリットもある。

シルバーマルチが効果的

すでに張ってある黒マルチの上から、畝の肩（畝の側面、立ち上がりの部分）にシルバーマルチを張ります。アブラムシにはキラキラ光るものを嫌う性質があり、活動的になる3月下旬～4月上旬に張ると効果が高まります。アブラムシを忌避すれば、アブラムシが媒介するウイルス病の予防にもなります。畝の肩だけでよいので、マルチの幅を半分に切って、畝の両側に張りましょう。

黒マルチと同時に張らないのは、シルバーマルチには地温を下げる効果があるためです。地温を上げたい初春には、デメリットのほうが大きくなります。逆に、高温期に地温が下がると、収穫期が長くなるメリットも期待できます。

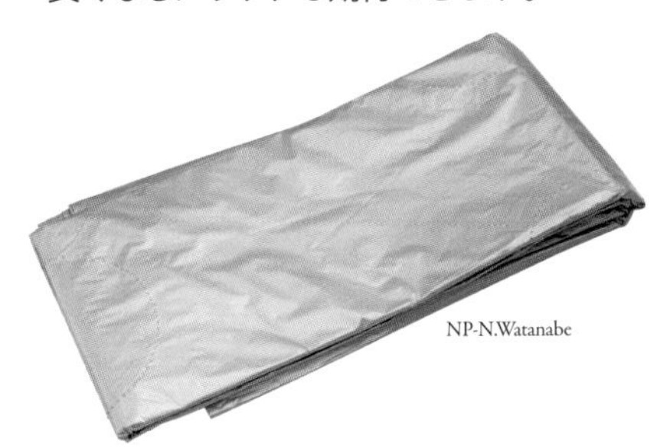

NP-N.Watanabe

穴なしのシルバーマルチを選ぶとよい。

April

4月

今月の主な作業

基本 人工授粉　基本 敷きワラ
基本 春植えの土作り・畝立て
基本 春苗の植えつけ
基本 ランナーの処理
トライ 防虫ネットがけ
トライ 防鳥ネットがけ
トライ 摘葉（葉かき）　トライ 摘果

基本 基本の作業
トライ 中級・上級者向けの作業

4月のイチゴ

春苗の植えつけ時期が続きます。秋に植えたものは、暖かい陽気が続く年なら、早ければ下旬から収穫が始まります。イチゴは開花から収穫まで35〜40日かかりますが、温暖な気候では収穫までの日数が短くなります。

花が咲き始めたら、実を保護するためにワラを敷くほか、人工授粉を行って大きく充実した実をつけさせます。ランナーも盛んに伸び始めますが、収穫終了まではこまめに切り取って養分の分散を避け、花つき、実つきをよくしましょう。さらに葉を摘み取る摘葉（てきよう）や、小さな実を摘み取る摘果を行えば、より大きくて、甘くおいしい実を収穫できます。

4月、開花期を迎えたイチゴ。収穫に向けた管理作業が盛りだくさん。

主な作業

基本 人工授粉

雄しべの花粉を雌しべにつける

筆などで花の中心部をこすって受粉させ、大きな実に（62ページ参照）。

基本 敷きワラ

実を保護する

マルチの上にワラを敷いて、実を保護します（64〜65ページ参照）。

基本 春植えの土作り・畝立て

9月に準じます（30〜34ページ参照）。

基本 春苗の植えつけ

10月に準じます（38〜41ページ参照）。

基本 ランナーの処理

収穫終了まで行う

続々に出るランナーを切り、花と実に養分を回します（66ページ参照）。

トライ 防虫ネットがけ

アブラムシを防除（67ページ参照）。

トライ 防鳥ネットがけ

鳥から実を守ります（67ページ参照）。

今月の管理

- 日当たりと風通しのよい、雨の当たらない戸外
- 地植えは自然にまかせる
  プランターは、土が乾いたらたっぷり
- 追肥（2回目）
- ウイルス病、萎黄病、アブラムシ、
  オカダンゴムシなど

トライ **摘葉（葉かき）**

葉を摘み取って、花をたくさんつけさせます（68ページ参照）。

トライ **摘果**

小さな実を摘み取って、収穫する実を大きく育てます（69ページ参照）。

管理

地植えの場合

水やり：基本的には自然にまかせる

春苗を植えた場合、植えつけ直後は根の活着を促すためにたっぷりとやります。

肥料：追肥（2回目）

1回目の追肥の1か月後に、同じ要領で施します。方法は3月に準じます（58ページ参照）。

プランターの場合

置き場：日当たりと風通しのよい、雨の当たらない戸外

水やり：土が乾いたらたっぷり

土が乾いたら、たっぷりやります。水切れすると花つきや実つきが悪くなり、やりすぎると根腐れを起こします。

春苗を植えた場合、植えつけ直後は根の活着を促すため水切れに注意しましょう。

肥料：追肥（2回目）

1回目の追肥の1か月後に、同じ要領で施します。方法は、3月に準じます（58ページ参照）。

病害虫の防除

アブラムシ、ウイルス病など

3月下旬ごろから、アブラムシが急増します。アブラムシはウイルス病を媒介するので、早めに見つけて粘着テープなどで駆除します。シルバーマルチを張って忌避している場合も、ワラを敷くと効果がなくなります。敷きワラをしたあとは、防虫ネットをトンネルがけしましょう（67ページ参照）。

萎黄病への対策は、3月に準じます（57、90ページ参照）。

実がつき始めると、鳥による食害を受けるようになります。アブラムシ対策を兼ねて防虫ネットをトンネルがけするか、防鳥ネットをトンネルがけして実を守ります（67ページ参照）。

基本 人工授粉

適期＝４月上旬〜６月下旬、８月上旬〜９月上旬

人工的に受粉させると、大きな実を収穫できる。

虫頼みにせず、確実に受粉させる

イチゴは、虫が花粉を運んで受粉する虫媒花(ちゅうばいか)。4月になって気温が上がると、虫の活動が活発になって受粉を助けてくれるようになりますが、虫頼みでは確実に受粉させるのは難しいといえます。面倒でも人工授粉を行いましょう。

イチゴの花は、1つの花の中に雄しべと雌しべがある両性花なので、筆などでなでるだけで十分です。イチゴの実の大きさは、受粉したタネの数で決まるため、しっかり受粉させると大きな実になります。

花粉が多く出ているのは、開花の3〜4日以内。人工授粉は晴れた日をねらって行います。

四季なり品種は7月まで収穫が続くため、6月下旬まで行います。秋の収穫のためには、8月上旬から作業を再開します。

NP-N.Kamibayashi

受粉が不十分だったイチゴの実。このような奇形果にならないように、人工授粉を行おう。

NP-T.Narikiyo

用意するもの
毛の柔らかい筆か、梵天(ぼんてん)つきの耳かきを使う

NP-R.Okabe

筆や梵天で花の中心部分をていねいにやさしくなでて、雄しべの花粉を雌しべにつける。

Column

実の大きさは、受粉したタネの数で決まる

受粉しないと実が大きくならない

イチゴの「果実」と呼ばれているのは、花托（花床）。本当の実はその表面についたツブツブ（痩果）で、その一つ一つの中にタネが入っています。

イチゴの花は両性花で、中心の雌しべを雄しべが取り巻く構造です。雄しべは25～30本、雌しべは200～400本あります。この雌しべ1本が受粉すると、タネ1粒になります。花托は雌しべを支える部分にあり、雌しべが受粉してタネになると肥大します。花托が肥大するためには、タネが形成される必要があり、花托上にできたタネの数が多いほど肥大するのです。受粉しないと花托は肥大せず、一部の雌しべしか受粉しないと正常に肥大せずに奇形果になります。

イチゴの花は、中心の雌しべを雄しべが取り囲む両性花。雄しべの先端がふっくらしているのは、まだ花粉をたくさん蓄えている証拠。

花と実の構造

雌しべ
花托（花床）
雄しべ

雌しべを支える土台の部分に花托（花床）がある。

痩果（内部にタネ）
花托（花床）の皮層
維管束
花托（花床）の髄
芯（中心柱）

受粉してできた痩果は、維管束によって、一粒一粒が肥大した花托とつながっている。

基本 敷きワラ　適期＝4月上旬〜4月中旬

実が土やマルチに触れて傷むのを防ぐため、マルチの上に敷く。

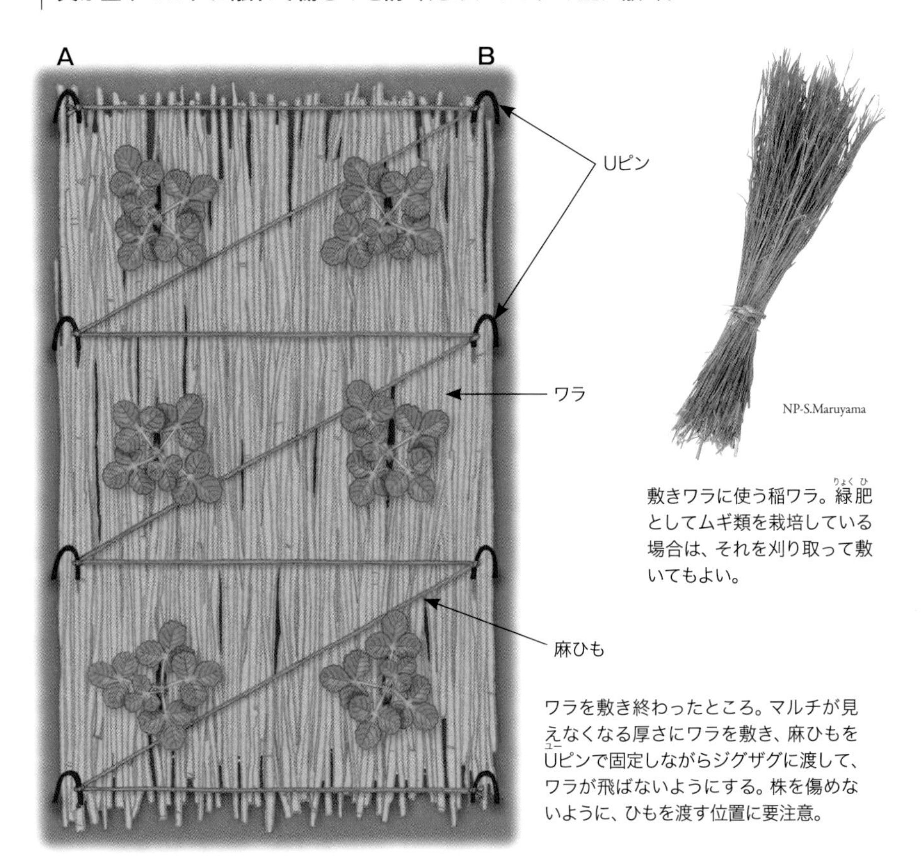

敷きワラに使う稲ワラ。緑肥(りょくひ)としてムギ類を栽培している場合は、それを刈り取って敷いてもよい。

ワラを敷き終わったところ。マルチが見えなくなる厚さにワラを敷き、麻ひもをUピン(ユー)で固定しながらジグザグに渡して、ワラが飛ばないようにする。株を傷めないように、ひもを渡す位置に要注意。

敷きワラが害虫対策にも

Column

　黒マルチを張ってイチゴを栽培すると、土からの水蒸気を防いで、カビが原因となる灰色かび病などを防除できる一方で、乾燥すると増えるハダニやチャノホコリダニが発生しやすくなります（93ページ参照）。黒マルチの上にワラを敷くと、天敵のカブリダニが増えてダニ類を食べてくれる効果が期待できます。

　また、ワラはやさしく実を受けとめるため、実の保護効果も高まります。

ワラを敷く

マルチまたは土が見えなくなる程度の厚さに、畝全体にワラを敷く。

麻ひもをかけるUピンをさす

畝の角の土に、麻ひもを渡しかけるためのUピンをさす（64ページA）。

麻ひもをUピンに結ぶ

麻ひもをUピンに結びつけ、Uピンを土にさし込んで留める。

麻ひもを畝に渡す

固定した麻ひもを、畝の短い辺と平行になるように渡しかける（64ページB）。

麻ひもをUピンで固定する

Uピンに麻ひもを回しかけ、Uピンを土にさし込んで留める。

作業完了

麻ひもをUピンで64ページのように固定しては、畝に渡しかけることを繰り返す。

基本 ランナーの処理

適期＝4月下旬〜収穫終了まで

ランナーとは、イチゴが次世代の子苗をつけるためのほふく枝（走出枝）。収穫終了まではこまめに切り取って、養分の分散を防ぐ。

開花と同時に伸び始める

ランナーは花が咲くころから出始め、実がつき始めるころにはどんどん発生してグングン伸びます。イチゴにとっては自然なことなので、放置しても株の生育自体にはまったく問題ありませんが、ランナーに養分を奪われるため、花数が減って実つきが悪くなったり、小さな実しかつかなくなったりします。また、長く伸びると隣の畝で育てる野菜の邪魔にもなります。収穫が終わるまではこまめに切り取って、花と実に養分を回すのが得策です。

自分で子苗をとる場合でも、収穫が終わってから伸ばせば、苗作りは十分間に合います（76〜79ページ参照）。

初めは短くて本数も少ないが、放置するとたちまち繁茂する。隣の畝にまで侵入してはびこり、ほかの野菜の栽培の邪魔になるので、収穫が終わるまでは切って管理する。

ランナーが出たら、短いうちにつけ根からハサミで切る。

トライ 防虫ネットでアブラムシ対策

適期＝4月上旬～5月上旬

敷きワラと同時に行って、シルバーマルチの代わりにアブラムシを忌避する。

アブラムシを物理的に防除

3月下旬～4月上旬に、黒マルチの上からシルバーマルチをダブルがけした場合でも、上にワラを敷くと光を乱反射しなくなるため、アブラムシの忌避効果はなくなります。代わりに防虫ネットをトンネルがけして、防除しましょう。アブラムシが媒介するウイルス病の予防にもなるので、特に自分で子苗とりをしたい場合におすすめです。

設置した防虫ネットは、実を食害する鳥よけにもなるので、収穫終了までかけておきます。

目合い1㎜の防虫ネットがおすすめ。それより目合いが小さいと、日当たりや風通しが悪くなる。

トライ 防鳥ネットで鳥よけ対策

適期＝4月下旬～5月上旬

甘いイチゴの実は、鳥の大好物。実がつき始めたら、防鳥ネットで被害を防ぐ。

ゆったりめに設置する

収穫適期を迎えて果実が赤く色づくと、とたんに鳥に食害されます。ネットをかけて実を守りましょう。防鳥ネットには、さまざまな目合いの製品がありますが、おすすめは目合い約2㎝のもの。小型のスズメが侵入できない目合いを選びます。

設置する際には、畝の外側に少し大きめのトンネルを作るのがポイント。実がネットに触れるほどコンパクトに設置すると、ネットの目から鳥がくちばしをさし入れてせっかくの実を食べてしまいます。

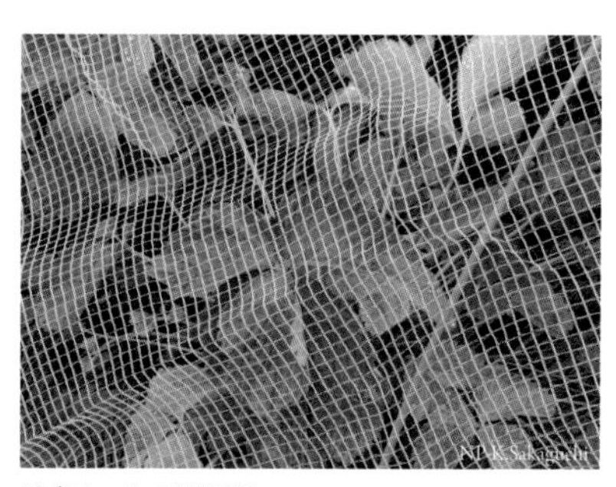

防鳥ネットの設置例。

トライ 摘葉（葉かき）

適期＝４月中旬～６月下旬、８月中旬～９月下旬

茂りすぎた葉を摘み取って整理することで、実つきや色づきもよくなる。

常に４～５枚の状態で育てる

イチゴの葉は次々に出てきて、放置すると混み合います。日当たりや風通しが悪くなって病害虫発生の原因になるので、こまめに摘み取ってすっきりと育てましょう。減らしすぎても生育が悪くなるため、１株につき４～５枚残します。

イチゴには、適温下で葉が４枚のときに花芽分化が早くなる性質があり、摘葉すると花つき、実つきがよくなります。実に日が当たるときれいに色づくため、つややかな実を収穫できる効果もあります。

イチゴは、小さな葉が3枚セットで1組となった三出複葉（さんしゅつふくよう）。写真の状態を本葉1枚と数える。

花が咲いて、葉の数も増えてきたイチゴ。少し混み合い始めている。

古い葉や小さな葉を中心に、つけ根からハサミで切り取る。1株に4～5枚は残す。

トライ 摘果

適期＝４月下旬～６月下旬、８月中旬～９月下旬

小さなうちに実を摘んで数を減らし、収穫する実を大きく育てる。

実になってから摘むのがおすすめ

イチゴは、大きな花は大きな実になり、小さな花は実も小さくなります。花のうちに実の大きさは予想できますが、大きな花も奇形果になる可能性があります。そのため、実になってから摘み取るのがおすすめです。

イチゴの花は「集散花序（しゅうさんかじょ）」と呼ばれる、規則的なつき方をします。何段かに枝分かれしながら房状に花がつき、1花房につき15花ほど開花します。このうち、中心から伸びた花柄（かへい）（果柄）に1つだけついた花（頂花（ちょうか））は、最も大きな実（頂果（ちょうか））に。枝分かれしてあとからつく花は小さく、実も小さくなりやすい傾向があります。このような花房が、1株当たり10～12花房つきます。

摘果では、1果房につき大きな実を7～10果残してほかは摘み取ります。

イチゴの果房。中心についた頂果は大きく、そのほかの実は小さい。

イチゴの実（花）のつき方

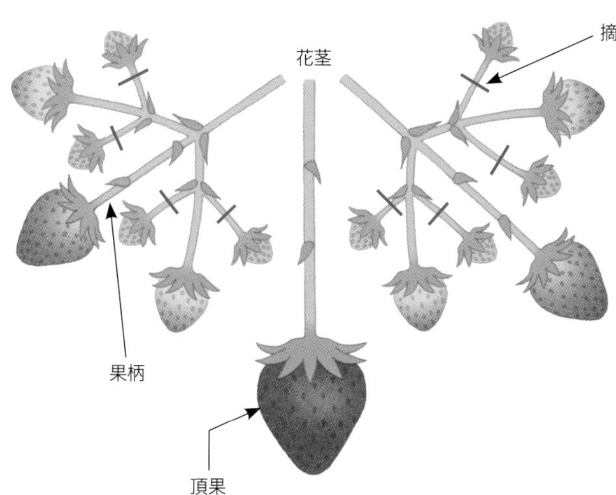

イチゴの花が実になったところ（果房）。中心に大きな頂果がつき、ほかにも枝分かれしながら何本か花茎が出る。先に伸びた花茎の、花柄（果柄）の下で左右対称に枝分かれし、さらにその下でも左右に枝分かれして花（実）がつく。花柄が分かれるにつれて、花も実も小さくなるので、より大きな実に養分を回すため、赤線（イラストの「摘果する箇所」）で実を摘む。

5・6月

基本 基本の作業
トライ 中級・上級者向けの作業

今月の主な作業

- 基本 四季なり品種の人工授粉
- 基本 ランナーの処理
- 基本 収穫
- 基本 一季なり品種の親株の片づけ
- トライ 防虫ネットがけ
- トライ 防鳥ネットがけ
- トライ 摘葉（葉かき）
- トライ 摘果
- トライ 子苗とりの準備

5・6月のイチゴ

いよいよ収穫期を迎えます。一季なり品種は6月上旬ごろまで、四季なり品種は品種によって7月上旬～下旬まで収穫が続きます。せっかくの実も、熟しすぎると腐ってしまうほか、病害虫発生の原因に。タイミングよく摘み取って楽しみましょう。

開花期同様、収穫中も次々にランナーが発生します。大きな実をたくさん収穫するためには、こまめに切り取ることをおすすめします。

真っ赤に色づき、収穫適期を迎えたイチゴ。

主な作業

基本 四季なり品種の人工授粉

四季なり品種は、よい実をつけさせるために続けます。方法は4月に準じます（62ページ参照）。

基本 ランナーの処理

4月に準じます（66ページ参照）。

基本 収穫

完熟した果実から摘み取る

実が熟しすぎないうちに、へたの部分をハサミで切って収穫します。

基本 一季なり品種の親株の片づけ

一季なり品種は、収穫が終わった親株を片づけます。四季なり品種は、秋の収穫終了まで栽培を続けます。

トライ 防虫ネットがけ

4月に準じます（67ページ参照）。

トライ 防鳥ネットがけ

4月に準じます（67ページ参照）。

トライ 摘葉（葉かき）

4月に準じます（68ページ参照）。

トライ 摘果

4月に準じます（69ページ参照）。

トライ 子苗とりの準備

自分でとる場合は、よい親株を残します（73、76～79ページ参照）。

今月の管理

- 日当たりと風通しのよい、雨の当たらない戸外
- 地植えは自然にまかせる
  プランターは、土が乾いたらたっぷり
- 追肥（四季なり品種）
- ウイルス病、うどんこ病、灰色かび病、じゃのめ病、炭そ病、アブラムシ、チャノホコリダニなど

管理

地植えの場合

水やり：基本的には自然にまかせる

肥料：追肥（四季なり品種）

一季なり品種は不要です。7月まで収穫が続く四季なり品種は、2週間に1回追肥します。方法は3月に準じます（58ページ参照）。

プランター植えの場合

置き場：日当たりと風通しのよい、雨の当たらない戸外

実に光が当たると、色づきがよくなります。プランターを動かして、実に光が当たるように調整しましょう。

水やり：土が乾いたらたっぷり

土が乾いたら、たっぷりやります。水切れすると花つきや実つきが悪くなり、やりすぎると根腐れを起こすので注意しましょう（72ページ参照）。

肥料：追肥（四季なり品種）

一季なり品種は不要です。7月まで収穫が続く四季なり品種は、2週間に1回追肥します。方法は3月に準じます（58ページ参照）。

病害虫の防除

さまざまな病害虫が発生

気温が上がると、さまざまな病害虫が発生します。収穫期には実も被害を受けるので、早めの防除が大切です（防除の方法は90～93ページ参照）。

Column

一季なりの追肥は本当に不要？

本当に不要です。イチゴは、肥料分が少ないほうが花芽分化が促進されます。施しすぎると葉ばかり茂って実つきが悪くなるので、一季なり品種の追肥は2回で十分です。

7月まで収穫が続く四季なり品種は、株が疲れないよう2週間に1回施します。

基本 収穫

適期＝5月中旬〜6月上旬(一季なり)
5月中旬〜7月下旬(四季なり)

へたのきわまで色づいたら、タイミングよく収穫する。

完熟した、収穫適期のイチゴ。

実が落ちないように手を添えながら、へたをハサミで切る。

実が白いイチゴの場合

実が白いイチゴは、収穫のタイミングが難しい。品種ごとのとりごろを確認しよう。写真の「天使のいちごAE」(18ページ参照)の場合は、ツブツブが赤く色づいたら収穫する。

Column

プランターでは水切れに注意

　自然にまかせる露地栽培とは違い、プランター栽培では水やりのコントロールが大切です。イチゴは、水切れすると花つきや実つきが悪くなるほか、せっかくついた実が大きくなりません。かといって、やりすぎると過湿になって、根腐れしてしまいます。土が乾いたらたっぷり水やりします。

　土の乾燥具合がわからない場合は、土に割り箸をさして確認しましょう。割り箸に土がついたら、水分が残っている証拠。残らなかったら、乾燥しているので水やりします。

基本 親株の片づけ

適期＝収穫が終わったら

花がつかなくなったら、収穫は終了。一季なり品種は株を片づける。

片づけるのは一季なり品種のみ

翌シーズンも栽培を続けると収穫量が半分くらいに減ることもあるので、1シーズンごとに株を更新するのがイチゴ栽培の基本。花がつかなくなったら、親株を片づけます。ただし、このタイミングで親株を片づけるのは、一季なり品種のみ。四季なり品種は、暑さが一服した9月から秋の収穫が始まるため、栽培を続けます。秋の収穫が終わってから、片づけましょう。

NP-K.Sakaguchi

収穫期が終わったイチゴの様子。葉ばかり茂って、花は咲かない。

トライ 子苗とりの準備

適期＝6月中旬〜6月下旬

自分で子苗をとる（76〜79ページ参照）場合は、よい親株を選んで残し、ランナーを伸ばす。

すべての親株を残す必要はない

子苗をとるには、ランナーを伸ばす必要があります。収穫が終わったら、よい親株だけ残してランナーを伸ばします。それ以外の親株は、ほかの野菜の栽培の邪魔になるので片づけましょう。親株1株から、少なくとも10株ほどの子苗がとれるので、家庭菜園なら2〜3株残せば十分です。

よい親株とは、病害虫の被害を受けておらず、育てたなかでも生育が旺盛だったもの。優れた形質が、子苗にも受け継がれることが期待できます。

NP-S.Oizumi

収穫中はこまめに切っていたランナーを、伸ばし始めよう。

July・August

7・8月

今月の主な作業

- 基本 四季なり品種のランナーの処理
- 基本 四季なり品種の収穫
- 基本 四季なり品種の人工授粉
- トライ 四季なり品種の子苗とりの準備
- トライ 子苗とり

基本 基本の作業
トライ 中級・上級者向けの作業

7・8月のイチゴ

四季なり品種は、7月上旬～下旬まで収穫が続きます。収穫中は株がスタミナ切れを起こさないように、2週間に1回追肥するほか、ランナーの処理を続けます。花が咲かなくなったら、収穫は終了。追肥をやめて、秋の収穫まで休ませます。この間にあえて肥料切れを起こさせることで、秋に花芽がつきやすくなります。自分で子苗をとる場合は、9月の収穫再開までの間に行います。

6月に収穫を終えた一季なり品種は、子苗とりの時期です。

イチゴの子苗とりの様子。

主な作業

基本 四季なり品種のランナーの処理

収穫が続く四季なり品種で行います。4月に準じます（66ページ参照）。

基本 四季なり品種の収穫

四季なり品種は、収穫期が続きます。5・6月に準じます（72ページ参照）。

基本 四季なり品種の人工授粉

四季なり品種で行いますが、7月はお休み。8月上旬から、秋の収穫に向けて再開します。方法は4月に準じます（62ページ参照）。

トライ 四季なり品種の子苗とりの準備

四季なり品種は、7月に収穫が終わったらランナーを伸ばします。方法は、5・6月に準じます（73ページ参照）。

トライ 子苗とり

6月に収穫を終えた一季なり品種は、子苗とりの適期です。四季なり品種は7月の収穫が終わったら、9月の収穫再開までの間に行います。育苗中は毎日の水やりが欠かせません。毎日、菜園に通うのが難しい場合は、親株を掘り上げてプランターに植え替え、目が届く場所で管理するのがおすすめです（76～79ページ参照）。

今月の管理

- 日当たりと風通しのよい、雨の当たらない戸外
- 地植えは自然にまかせる
  プランターは、土が乾いたらたっぷり
- 追肥（四季なり品種）
- ウイルス病、炭そ病、じゃのめ病、輪斑（りんぱん）病、萎凋（いちょう）病、アブラムシ、チャノホコリダニ、ナメクジなど

管理

地植えの場合

水やり：基本的には自然にまかせる

肥料：追肥（四季なり品種）

収穫終了の2週間前まで2週間に1回、施します。方法は3月に準じます（58ページ参照）。

プランター植えの場合

置き場：日当たりと風通しのよい、雨の当たらない戸外

5・6月に準じます（71ページ参照）。

水やり：土が乾いたらたっぷり

5・6月に準じます（71ページ参照）。

肥料：追肥（四季なり品種）

収穫終了の2週間前まで2週間に1回、施します。方法は3月に準じます（58ページ参照）。

病害虫の防除

多くの病害虫に注意

高温期に入り、病害虫の被害がさらに多くなります。雨が多いか、乾燥が続くかによって発生しやすい病害虫が異なります（防除の方法は90～93ページ参照）。

Column

ランナー子苗とウイルスフリー苗

家庭菜園向けの苗の多くは、ランナーから増やした「ランナー子苗」。ウイルス病に感染していることも多く、何世代か増殖を繰り返すと複数のウイルスに重複感染して生育が悪くなります（91ページ参照）。薬剤では駆除できません。もし、栽培した親株にウイルス病が見られたら、子苗とりはやめて新たに苗を買い直しましょう。

感染を防ぐために利用されているのが、ウイルスフリーのメリクロン苗。茎頂培養（けいちょうばいよう）したメリクロン苗を親株にして、ウイルスフリーの子苗を増やしたもので、作られた子苗は「ウイルスフリー苗」「メリクロン苗」と呼ばれます。多くはプロの農家向けですが、種苗会社の通販などで入手できます。

トライ 子苗とり

適期＝6月中旬〜8月下旬

収穫が終わったらランナーを伸ばし、翌シーズン用の苗を自分で育てる。

2番目以降の子苗を利用

イチゴは、ランナーの先に子苗をつけて増える野菜。この性質を利用して、10月に植えつける苗を自分で育てます。苗は約3週間でできるので、収穫が終わってからランナーを伸ばしても十分間に合います。病害虫に侵されていない、元気な親株を利用しましょう。

四季なり品種の場合、収穫の休みが8月の1か月しかなく、その間にも花が咲き続けるため、一季なり品種より難易度の高い作業となります。収穫量が減ることを覚悟してすべての株のランナーを伸ばすか、あらかじめ1〜2株を親株にすると決めてランナーを伸ばし、そのほかの株ではランナーの処理(66ページ参照)を続けて、花つき、実つきを優先させるか、どちらかを選択しましょう。

イチゴの子苗は兄弟に例えて、親株に近いほうから順に「太郎苗」「次郎苗」「三郎苗」とも呼ばれます。一番大切なのは、親株に最も近い太郎苗は利用しないこと。性質が不安定で、親株と同様の収穫が望めない可能性が高くなります。利用するのは次郎苗、三郎苗です。

ランナーを野放図に伸ばしてグチャグチャになった場合は、絡みをほどきながら株元までたどって次郎苗や三郎苗を探り当てます。

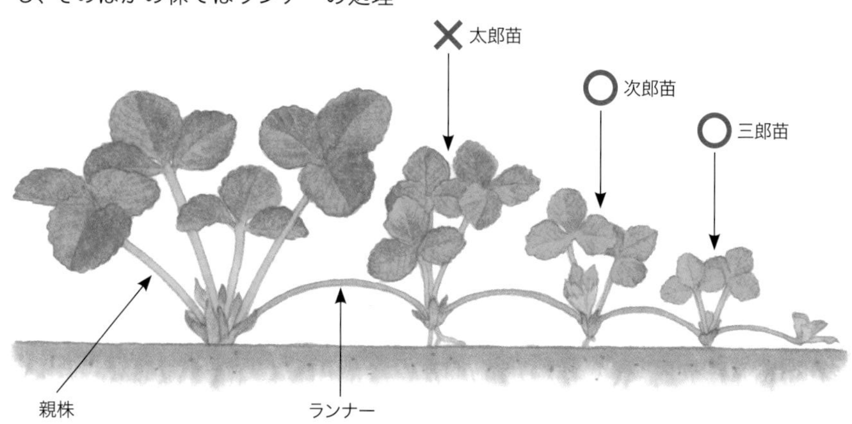

性質が不安定になりがちな太郎苗は利用せず、安定した次郎苗か三郎苗を利用する。ランナーを親株まできちんとたどって、育苗に利用する子苗を確認することが大切。

プランターで育てたイチゴのランナーを、伸び放題にして広げた例。混み合ってランナーどうしが絡み合い、親株までたどるのも面倒な状態。こうならないように、あらかじめ子苗をとる親株を決めてランナーが伸びる方向を調整しておくと、のちの手間がかからない。

トライ 子苗とり

用意するもの

NP-S.Maruyama

- 元肥入りの野菜用培養土（pH 調整済みのもの）
- ポリポット（2.5～3号）
- 鉢底ネット
- 7～8㎝のワイヤー（写真下）

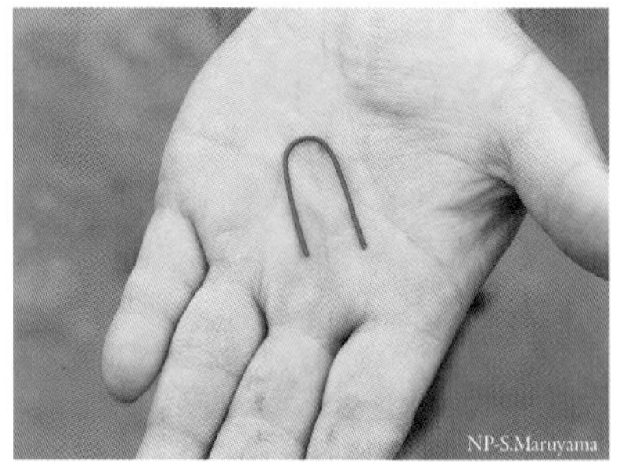
NP-S.Maruyama

長さ7～8㎝に切ったワイヤーをU字形に曲げたものも用意する。❸のように子苗がポリポットに根づきやすくなるように使う。

NP-K.Sakaguchi

育苗する子苗を選ぶ

写真のように、ランナーが太くて大きいのは太郎苗。これより小さい中くらいのサイズの次郎苗か、三郎苗を選ぶ。

NP-K.Sakaguchi

子苗をポットに押し込む

ポリポットに鉢底ネットを敷いて培養土を入れておく。地面にポリポットを置いて、育苗する子苗を押し込む。

NP-K.Sakaguchi

ワイヤーでランナーを固定

U字形にしたワイヤーで、親株とつながっているランナーを培養土に固定する。子苗が浮き上がらないように、しっかり留めることが大切。

そのまま3週間育てる
水切れすると枯れてしまうので、毎日水やりしながら約3週間育てる。

ランナーを切り離す
3週間後、子苗を軽く引っ張って、土から抜けなければ根づいた証拠。親株とつながっていたランナーを、長めに切り離す。

苗の完成
10月の植えつけ適期になるまで、水切れに気をつけて管理。培養土の元肥で十分育つので、育苗中の追肥は不要。

プランターで子苗をとる

ポリポットは土の量が少なく、すぐに水切れします。育苗中は毎日のように水やりする必要があるので、こまめに畑に通うのが難しい人は、畑の親株をプランターに植え替えて子苗をとりましょう。用意するものと作業の要領は、基本的には畑の場合と同じです。

ただし、畑の場合とは違って、苗にはしない太郎苗もポリポットで養生するのがポイント。ベランダなどでは土に根づくことができずに枯れてしまい、その先の次郎苗や三郎苗の生育にも悪影響を与えるからです。

プランターの場合、利用しない太郎苗（中央）も育苗することで、次郎苗や三郎苗を元気に育てる。

土作りの基本

無機肥料＋有機質肥料がおすすめ

栽培期間が半年以上と長いイチゴ栽培では、速効性のある無機肥料と、効き目がじっくりとあらわれる有機質肥料を組み合わせて土作りをするのがおすすめです。

N-P-K=8-8-8の化成肥料は肥料のバランスがよく、効きも速いので初期に株全体を育てるのに有効です。一方、リン酸分として加える有機質肥料の魚(ぎょ)かすまたはバットグアノは、イチゴが休眠から目覚める2月下旬ごろから本格的に効き始めます。特に魚かすには、アミノ酸によって実のうまみがアップする効果も期待できます。

資材の施用量

- 苦土石灰 …… 100g／㎡
- 牛ふん堆肥 …… 3ℓ／㎡
- 化成肥料（N-P-K=8-8-8）…… 100g／㎡
- 魚かす …… 100g／㎡、
  またはバットグアノ …… 50g／㎡

使用する資材の種類

NP-N.Watanabe

苦土石灰

土のpH調整に使用するアルカリ性の資材で、アルカリ分の含有量は50%以上。雨で土から流失しやすい石灰分（カルシウム）のほか、光合成を行う葉緑素の生成を助ける苦土(くど)（マグネシウム）も含むので植物の生育がよくなる。

NP-N.Watanabe

牛ふん堆肥

ワラなどと混ぜた牛ふんを発酵させた動物性堆肥。土壌微生物の活動が活発になり土が団粒(だんりゅう)化し、土の通気性、水もち、水はけ、肥料もちがよくなって、根の張りや生育がよくなる。サラサラとして臭いのない完熟のものを使う。

NP-N.Watanabe

化成肥料

複合肥料の一種で、粒状の肥料。有機物を配合した製品もあるが、各粒に含まれる成分量が同じになっており、利用しやすい。N-P-K=8-8-8の製品がおすすめ。肥料分が速やかに水に溶け出して、すぐに効果が出る。

魚かす

魚を加熱してから乾燥させた有機質肥料で、「魚粉」として販売されることも。リン酸を多く含むほか、チッ素も含む。アミノ酸が多く、うまみがアップする。

NP-N.Watanabe　NP-R.Okabe

バットグアノ

堆積したコウモリのふんが原料で、リン酸分を多く含む発酵済みの有機質肥料。成分含有量が非常に多く、長くゆっくり効くのも特徴。過剰施用に要注意。

無機肥料だけで育てるなら

有機質肥料を使わずに育てる場合でも、土壌改良効果のある牛ふん堆肥は施用します。また、N-P-K=8-8-8の化成肥料だけでは花つき、実つきをよくするリン酸が不足するため、熔リンで補います。熔リンは、ク溶性（右記「熔リン」を参照）で水には溶けないため、必ず元肥として施す必要があります。

資材の施用量
- 苦土石灰 …… 100g／㎡
- 牛ふん堆肥 …… 3ℓ／㎡
- 化成肥料（N-P-K=8-8-8）…… 100g／㎡
- 熔リン …… 50g

NP-K.Sakaguchi

熔リン（熔成リン肥）

天然のリン鉱石などが原料で、リン酸を多く含む。根から出る酸に少しずつ溶けて吸収されていく（ク溶性）ため、ゆっくりと効くのが特徴。

Column

庭先に植えるなら「レイズドベッド」に

イチゴは水はけのよい環境を好み、水はけが悪いと根腐れを起こしたり、生育が悪くなったり、病気にかかりやすくなったりします。庭先でイチゴを栽培する場合は、地面を底上げした花壇の一種「レイズドベッド」にするのがおすすめ。木材やレンガ、ブロックなどで枠を作った中に、培養土などを入れて作ります。水はけがよくなるほか、高さが出るので日当たりもよくなります。実がついたときには自然に垂れ下がり、泥はねも少ないので傷みにくい育て方です。

NP-R.Okabe

レイズドベッドにイチゴを植えた例。

有機質肥料だけで育てるなら

栽培期間が長く、休眠明けの生育後半に多くの肥料を必要とするイチゴ栽培では、肥効がじっくりとあらわれる有機質肥料だけでも十分育てられます。ただし、有機質肥料は１種類の肥料分を多く含む単肥(たんぴ)が多いため、複数の資材を組み合わせることが大切です。また、未熟な資材を施用すると植えつけ後に根を傷めるほか、コガネムシ発生の原因になるため、発酵済みの資材を利用するのがおすすめです。

パッケージに「発酵済み」と書かれているのはもちろん、開封した際に悪臭がしないことを確かめます。もしも臭いがしたら、イチゴ栽培への使用は避けるのが無難です。

資材の施用量

- 有機石灰 …… 200〜300g／㎡
- 牛ふん堆肥 …… 4〜6ℓ／㎡
- 発酵鶏ふん …… 300g／㎡
- 米ぬか、または発酵油かす …… 100g／㎡
- 魚かす …… 100g／㎡、
  またはバットグアノ …… 50g／㎡

必ず投入する資材

NP-N.Watanabe

有機石灰

貝殻や卵の殻、貝類の化石などを乾燥させて粉状に砕いたもの。アルカリ分の含有量は20〜40％で、反応の速さはゆっくり。製品によってアルカリ分が異なるので、パッケージの表示を確認して施用量を守ることが大切。

NP-N.Watanabe

牛ふん堆肥

80ページ参照。

NP-N.Watanabe

発酵鶏ふん

鶏ふんには、ニワトリのふんを単に乾燥させただけの乾燥鶏ふんもあるが、家庭菜園で利用しやすいのは十分に発酵させた発酵鶏ふん。チッ素、リン酸、カリをバランスよく含み、土壌改良効果もある。完全に発酵した製品は、追肥にも使える。

有機栽培の土作りは早めにスタート

有機質肥料に含まれる肥料分の多くは、土中の微生物によって無機物に分解されてから植物に吸収されます。その過程では熱やガス、虫が発生したりするため、余裕をもって土作りを始めましょう。苗を植えつける前までに、土と肥料を十分になじませておくことが大切です。有機石灰は、遅くとも栽培スタートの３〜４週間前までに、そのほかの資材は２〜３週間前までに土に投入します。

どちらかを選ぶ資材

NP-N.Watanabe

または

NP-N.Watanabe

米ぬか

玄米を精製する際に出る米の表皮や胚の粉。チッ素とリン酸のほか、ビタミン類やたんぱく質なども含み、土壌微生物のエサとなって働きを活発にする。分解されていない資材のため、投入から栽培スタートまで余裕をもったスケジュールを。

発酵油かす

ナタネやダイズなどの油を搾った、かすが主体。チッ素が多いが、リン酸とカリも少量含む。未発酵の製品は施用後、分解に時間がかかるため、発酵済みの製品を選ぶことが大切。さまざまな形状があるが、元肥には粉状のものが使いやすい。

NP-N.Watanabe

または

NP-R.Okabe

魚かす

80ページ参照。

バットグアノ

80ページ参照。

Column

有機栽培の追肥は
ぼかし肥か発酵鶏ふんで

　ぼかし肥は、鶏ふんや油かす、米ぬかなどの有機質肥料を混ぜて発酵させた資材。発酵済みなので速効性があり、チッ素、リン酸、カリのバランスがよい製品が多いので、追肥にも使用できます。チッ素、リン酸、カリのすべてを含む、発酵鶏ふんもおすすめです。

NP-T.Narikiyo

ぼかし肥。有機栽培で使うなら、「有機100%」の表示がある製品を選ぼう。

プランターで育てる

プランターの選び方

イチゴの根は、比較的浅いところに張ります。それだけに乾燥に弱く、水切れすると花や実がつきにくくなる一方、酸素要求量が多くて過湿に弱く、常に湿った土では根腐れを起こします。

プランターでの栽培に適しているのは、深さ20㎝ほどのものです。それより浅いと土の乾燥が早く、深いと底面に水がたまりがちになって根腐れの原因になるからです。「プランターは、大は小を兼ねない」ということを覚えておきましょう。

プランターの素材にはさまざまありますが、イチゴは暑さに弱いので、蓄熱しやすいブリキ製のものはおすすめできません。それ以外なら、どんな素材のプランターでも大丈夫です。特に素焼きのものは、プランターの側面からも水分が蒸発するため、水をやりすぎる人におすすめです。

おすすめのプランター

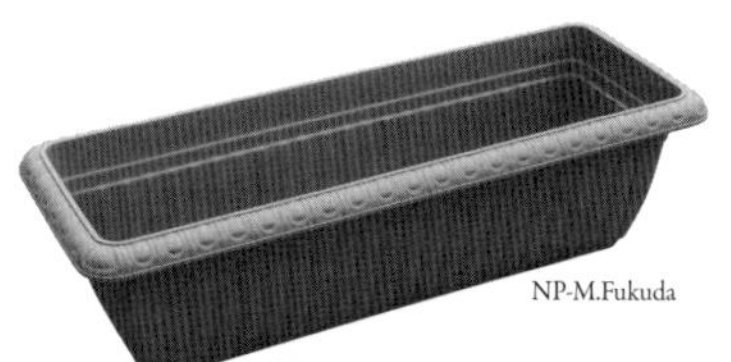

NP-M.Fukuda

横長の標準型

幅65㎝×奥行き20㎝×深さ20㎝程度、容量約15ℓの、長方形のプランター。イチゴのように、あまり大きくならない果菜類、葉もの野菜の栽培に適する。イチゴなら3株育てられる(41ページ参照)。

NP-S.Maruyama

浅い丸型

直径30㎝×深さ20㎝程度、容量10〜13ℓ。イチゴのほか、株が大きくならない葉もの野菜や株が横に広がらずコンパクトに育つ野菜、ベビーリーフの栽培におすすめ。イチゴなら3株栽培できる(41ページ参照)。

NP-N.Watanabe

NP-M.Fukuda

ハンギングバスケット

壁に掛けるタイプのプランターで、底から水が抜けやすく、水はけがよい。壁に掛けて高い位置で栽培することで、日当たりや風通しがよくなる。プランター用ハンガー(下)を利用して、壁掛けにする方法も。

NP-N.Kamibayashi

ストロベリーポット

イチゴ栽培用の鉢で、複数のポケット(植え口)があるのが特徴。素焼き製やプラスチック製のものがある。ポケットの数も製品によって異なるので、育てたい株数に合わせて選ぶとよい(86ページ参照)。

培養土の選び方

園芸店やホームセンターでは、さまざまなプランター向けの土、培養土が販売されています。イチゴの栽培に適しているのは、「野菜用」または「花と野菜用」などと書かれた培養土です。pH 調整済みで元肥入りの製品なら、ほかの資材を足さずにそのまま苗を植えられます。

なお、どんなに状態のよい土でも、畑や庭の土を使用するのはおすすめしません。毎日のように水やりが必要なプランター栽培では、土が硬く締まって、生育が悪くなるからです。

NP-T.Narikiyo

「野菜用」「花と野菜用」の培養土なら、ほかの花や野菜の栽培にも幅広く使えておすすめ。

Column

専用培養土のメリット

最近では、「イチゴ用」「イチゴの培養土」などと書かれた専用培養土も販売されています。これらは、イチゴが育ちやすいように用土や肥料分がブレンドされているのがメリットです。

ただし、ジャガイモ用やトマト用など、イチゴ以外の野菜向けの専用培養土は、必ずしもイチゴ栽培には適しません。利用は避けたほうが無難です。

鉢底ネットと鉢底石で水はけをよくする

プランターの底には鉢底ネットを敷いて穴をふさぎ、底が見えなくなる程度に鉢底石を敷いてから、培養土を入れましょう。水はけがよくなり、根腐れを防ぐことができます。

鉢底ネットは、底がすのこ状になっているプランターでは不要です。また、鉢底石の代わりに、大粒の赤玉土や鹿沼土などを使ってもよいでしょう。

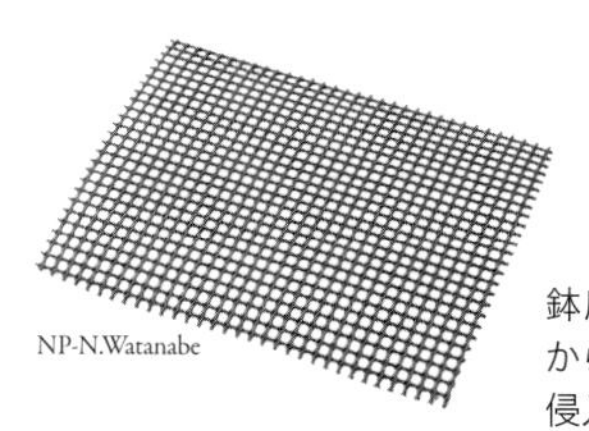
NP-N.Watanabe

鉢底ネット。底穴からのナメクジの侵入も防げる。

NP-N.Watanabe

鉢底石は、あらかじめネットに入れておけば片づけがラク。

管理の基本

日当たりのよい戸外に置く

寒さに当てることが大切なので、冬でも戸外に置いて育てます。日が当たるほど香りのよい実がつくため、日当たりのよい場所を選ぶほか、実のつく側に日が当たるようにプランターの向きを調整することが大切です。ベランダや庭先の日当たりは季節によって変わるので、日当たりを観察し、日陰にならないよう置き場所を変えましょう。

ただし、過湿には弱いので、できれば雨の当たらない軒下などがおすすめです。

水やりにはメリハリが必要

乾燥にも過湿にも弱いので、季節や生育に合わせて水のやり方にメリハリをつけることが大切（72ページ参照）。

植えつけ後、根が活着するまでは、土が乾いたらたっぷり。株が活動を休止する休眠中は控えめに。春先、新芽が出て株が活動を再開したら、少しずつ水やりの回数を増やします。開花後は水分を多く欲しがり、水切れすると花つきや実つきが悪くなるほか、大きな実がつかなくなります。土が乾いたら、底から抜けるまでたっぷり水やりして実の肥大を促します。

イチゴ栽培にぴったり！ストロベリーポットの魅力

イチゴ栽培用に作られた鉢だけに、イチゴの栽培にぴったり。上部だけでなく側面のポケット（植え口）にも苗を植えられるので、実が垂れ下がるようにつき、開花期や収穫期には目を楽しませてくれます。ポケットには、昆虫を呼び寄せてくれる花やハーブを寄せ植えにしてもよいでしょう（87ページ参照）。

また、収穫終了後に子苗とり（76〜79ページ参照）をする場合には、上部に植えた親株だけを生かし、ポケットを子苗の育苗に利用することもできます。

寄せ植えで、受粉を助ける虫を呼ぼう

イチゴは、虫によって花粉が運ばれて受粉する虫媒花。昆虫を呼び寄せることができれば、受粉の確率も高くなります。うっかり人工授粉を忘れたときも、昆虫が受粉を助けてくれているかもしれないのです。

おすすめなのは、イチゴの植えつけ適期である秋に苗が出回り、イチゴの花と開花期が合い、香りのよい花が咲く植物。ミツバチなどの昆虫が、香りによって呼び寄せられます。寄せ植えにするのが難しければ、別のプランターに植えてイチゴの隣で育てましょう。

ただし、マンションの高層階などには昆虫は飛来できません。昆虫に頼らず、人工授粉で確実に着果させる必要があります。

フレンチラベンダー
イチゴと開花期が合うストエカス系がおすすめ。開花期は3月下旬〜6月下旬で、ウサギの耳のような苞葉(ほうよう)が特徴。

ボリジ
4月中旬〜7月に、青い星形の花を咲かせるハーブ。昆虫を呼ぶほか、さまざまな効果がある(88ページ参照)。

スイートアリッサム
2月下旬ごろから、小さな花が集まって咲く。開花期が長く、甘い香りが特徴。草丈が低く、横に広がって育つ。

コモンタイム
4〜6月に、白くて可憐な花を咲かせるハーブ。苗が入手しやすく、切った枝は料理やティーに利用できる。

イチゴと一緒に育てよう コンパニオンプランツ

根本 久

コンパニオンプランツは「共栄作物」ともいい、ある作物が、ほかの作物に何らかのメリットをもたらす組み合わせを指します。一方だけがメリットを享受する場合もあります。

メリットには、害虫の忌避効果、害虫を誘引する植物をおとりにする誘引効果、天敵を集め増やす効果などがあります。天敵を集める作物は「インセクタリープランツ（天敵温存作物）」、世代交代を助けて増やす作物は「バンカープランツ」といいます。

バンカープランツとして

ムギ類

イネ科の一年草。おすすめは、秋まきできて草丈があまり高くならないエンバク（写真）、オオムギ、コムギで、品種は問わない。イチゴの害虫ホコリダニを食べてくれるカブリダニ類や、アブラムシの天敵を集めて増やしてくれる。草丈が30㎝くらいになったら5㎝ほどのところで刈り取って、イチゴが陰にならないようにするとよい。

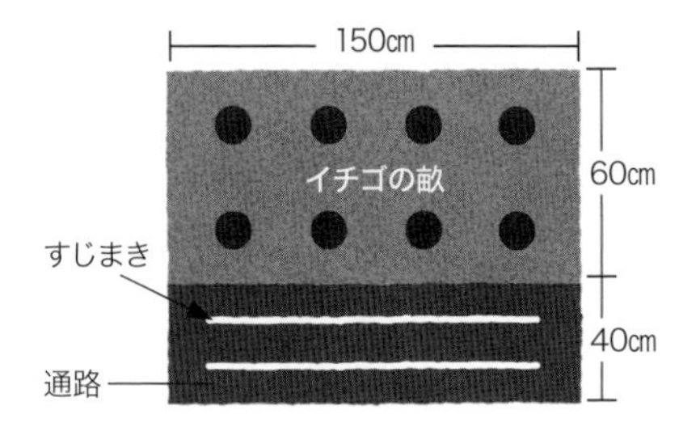

秋、畝の片側の通路に、タネを2～3列ですじまきする。

万能コンパニオンプランツとして

ボリジ

青い星形の花が印象的なムラサキ科の一年草。秋、イチゴの植えつけと同時に苗を植えるかタネをまく。イチゴの受粉を助けてくれる昆虫を呼ぶほか、イチゴにつくアブラムシを誘引するおとり植物にもなり、アブラムシの天敵を呼んで増やすバンカープランツにもなる。イチゴにとっては、一石三鳥のコンパニオンプランツ。

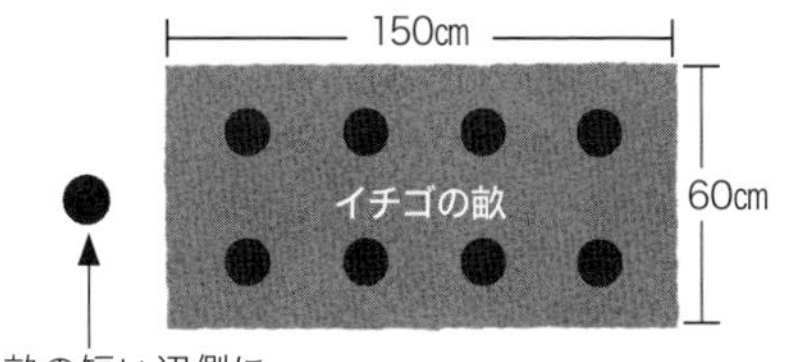

畝の短い辺側に
畝から離して1株
植えつけ

イチゴから3m離れていても効果があるため、1畝に1株で十分。

インセクタリープランツとして

クリムソンクローバー

春に深紅の花を咲かせるマメ科の一年草。一般的にはダイズシストセンチュウ対策に用いられるが、イチゴの場合は秋、苗を植える際にタネをまいておけば、春に咲く花が害虫であるアブラムシの天敵を集めてくれる。

フレンチ・マリーゴールド

黄色や橙色の花を咲かせるキク科の一年草。コンパクトな草姿で小さな花が次々に咲き、春から冬まで咲き続ける。ネグサレセンチュウ対策などに利用されることもあるが、イチゴではアブラムシの天敵を呼ぶために役立つ。春に出回る苗を植える。

ブルーサルビア

青色の花が美しいシソ科の宿根草。サルビアにはさまざまな品種があるが、青い花を咲かせるものがおすすめ。耐寒性があまりない品種もあるので、春に苗を植えるとよい。花に、アブラムシの天敵が集まってくる。

スイートアリッサム

アブラナ科で、小花がたくさん咲く。アブラムシの天敵のヒラタアブを呼ぶほか、10月中旬ごろに苗を植えつけると春には株が広がって、クモなどの天敵を温存する効果も。プランターのイチゴと混植できるのも魅力。

●クリムソンクローバー

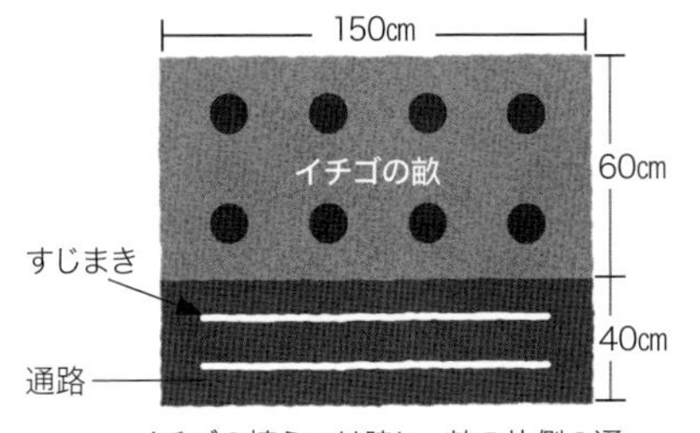

イチゴの植えつけ時に、畝の片側の通路に2列にすじまきする。

●マリーゴールド＆ブルーサルビア＆スイートアリッサム

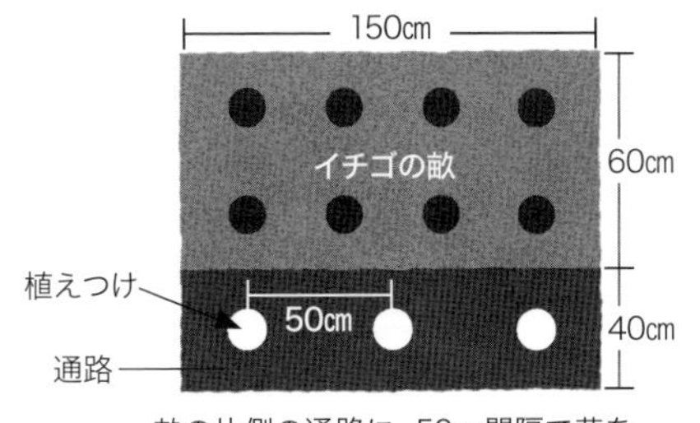

畝の片側の通路に、50cm間隔で苗を植える。

※プラン図で示した畝の長さや通路幅は、あくまでも一例です。

Pest Control

イチゴの病害虫

根本 久（文・撮影）

萎黄病 いおうびょう

発生時期 生育期間中

特徴 カビによる病気で、病原菌は根から侵入して導管を侵し、株全体に広がります。3枚ある小葉のうち1～2枚の生育が遅れて変形化し、葉の縁が黄色くなります（右）。地際（じぎわ）の茎を輪切りにすると、導管部が茶色くなっています（左）。

対策 被害株は、抜き取って畑の外に持ち出します。栽培終了後は、親株を根ごと引き抜いて処分します。子苗をとるときは、病気の兆候のない健全な株を選びます。水はけが悪いと多発するので、高畝にするなどして水はけを改善しましょう。

うどんこ病

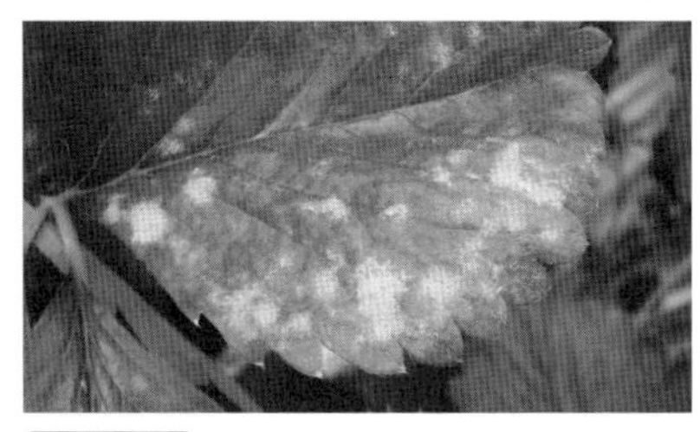

発生時期 5～6月

特徴 イチゴに多い病気で、葉や蕾、果実などにうどん粉（小麦粉）をまぶしたような白いカビが生えます。雨の当たらない軒下など、乾燥した環境で発生します。

対策 茎葉が混み合わないように摘葉を行って、日当たりと風通しをよくします。肥料をやりすぎないように注意します。発病前にバチルス ズブチリス水和剤（インプレッション水和剤など）を株全体に散布すると、予防になります。発生初期には、株全体に炭酸水素ナトリウム水溶剤（ハーモメイト水溶剤）などを散布します。

Column

夏は萎凋（いちょう）病に注意

土の中のカビが原因の病気で、気温が高い6～9月に多発。導管が侵されて株がしおれ、やがて枯れます。地際の茎を切ると、維管束が茶色く変色しています。6月に収穫を終えて株を更新する一季なり品種はあまり心配ありませんが、秋の収穫を目指して植えたままにしている四季なり品種は注意が必要です。マルチを張って泥のはね返りを防ぐと、予防になります。

炭そ病 たんそびょう

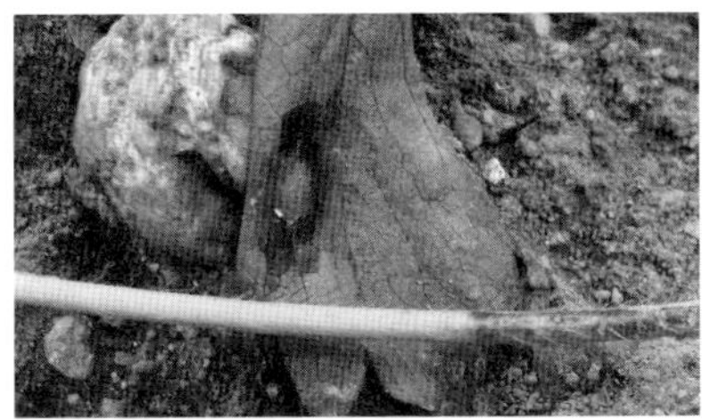

発生時期 生育期間中（梅雨どきが中心）

特 徴 カビによる病気で、多湿で発生します。葉にはぼんやりとした黒い斑紋が、葉柄やランナーには褐色のくぼんだ病斑ができます。根が侵されると、やがて枯れます。

対 策 イチゴの連作を避け、病気に侵されていない株を栽培します。自分で子苗とりをする場合も、雨が当たらない場所で育苗すると被害が軽減されます。プランター栽培などで水やりする際は、茎葉に水がかからないように気をつけることが大切です。

灰色かび病

発生時期 4～6月、9～10月

特 徴 カビが原因の病気で、イチゴでは主に果実が被害を受けます。最初は、水がしみたような斑紋ができて果実に腐敗が広がり、灰色のカビが生えます。

対 策 土やマルチの上にワラを敷いて実が直接触れないようにするほか、熟しすぎないうちに収穫します。発病初期に被害を受けた実を取り除き、炭酸水素ナトリウム水溶剤（ハーモメイト水溶剤）などを株全体に散布します。

ウイルス病

発生時期 3～11月

特 徴 ウイルスのタイプは複数ありますが、アブラムシが媒介するものも。親株を更新せずに数年間育てていると、複数のウイルスに重複感染して症状が重くなります。葉が小さくなってつやがなくなり、実も小さくなって収穫量が減ります。

対 策 ウイルスを媒介するアブラムシを防除します。自分で子苗をとる場合も、2～3年ごとに新しい親株を購入して株の更新を。

じゃのめ病

発生時期 6～7月、9～10月

特 徴 カビが原因の病気で、雨が多いと多発します。初めは葉に、やがて葉柄や果実にも斑紋が現れます。多発すると病斑がつながって葉は落ち、果実は黒く変色します。

対 策 マルチを張って泥のはね返りを防ぎ予防します。肥料過多や肥料切れでも発生するので、適切な施肥を心がけます。

輪斑病 りんぱんびょう

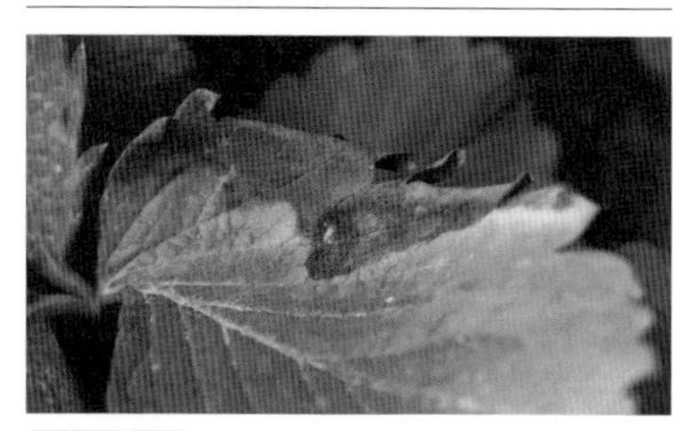

発生時期 6～9月の高温期

特 徴 カビによる病気で、葉、葉柄とランナーに発生します。進行すると病斑は明瞭な輪紋状に。葉の縁で病気が進行すると、くさび形の大型病斑となって葉が枯れます。葉柄やランナーには赤紫色の浅くくぼんだ病斑が出来ます。

対 策 被害を受けた葉の病斑も伝染源となるので、見つけしだい取り除きます。チッ素不足のほかに、株の勢いがなくなると発生しやすいので、適正な施肥を行います。不要な下葉をかき取って風通しをよくします。

アブラムシ

発生時期 3～11月

特 徴 イチゴに被害をもたらすアブラムシにはいくつかありますが、写真はイチゴクギケアブラムシ。新芽につきやすいほか、葉や花について吸汁し、ウイルス病を媒介します。被害を受けると生育が悪くなり、排せつ物によって葉や実が汚れます。

対 策 キラキラ光るものを嫌うため、アブラムシが発生する3月下旬～4月上旬に、黒マルチの上から、畝の肩の部分だけでもシルバーマルチを張って忌避します。防虫ネットをトンネルがけして、防除します。

ハスモンヨトウ

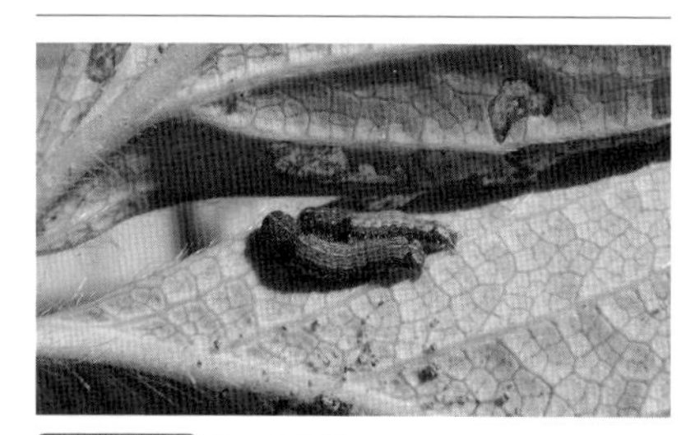

発生時期 8～10月

特 徴 ガの幼虫で、葉や茎を食害します。夏から初秋に高温が続く年に多発します。若齢幼虫は集団で、中齢以降は分散して、成熟幼虫は日中は物陰や地際に隠れ、夜になると葉を暴食します。

対 策 見つけしだい、駆除します。若齢期にはBT水和剤（ゼンターリ顆粒水和剤など）を、虫を目がけて散布します。

ヨトウムシ

発生時期 5～6月、9～10月

特 徴 ガの幼虫で、春と秋の暑くない時期に発生。葉も果実も食害します。新芽を食害されると新しい葉や花茎が出なくなり、収穫量が減ります。

対 策 アブラナ科やエンドウなどにつく種類と同じなので、これらの野菜で被害を受けないよう早期に対策を。集団でいる老齢幼虫をまとめて駆除します。

オカダンゴムシ

発生時期 3～11月

特 徴 陸にすむ甲殻類の仲間で、刺激を与えると丸まります。雑食性で、イチゴでは幼苗を地際から食害するほか、果実や枯れ葉なども食べます。有機物の多い湿った環境を好むので、プランターや庭先などで隠れ場所がある場合は注意が必要です。

対 策 適用のある薬剤はありません。落ち葉や腐植物質は、こまめに片づけます。空き缶やペットボトルの上部を切り、胴体部を地面に埋めて熟したイチゴを入れておけば捕獲できます。

コガネムシ

発生時期 8月に発生、10～11月に被害

特 徴 夏に発生し、秋、苗の植えつけ直後に被害を受けます。白っぽい幼虫は土の中の有機物をエサに成長し、少し大きくなると若い苗の根をかじって食害します。初めは株がぐらついてしおれ、次第に株が小さくなってやがて枯れます。プランター栽培では限られた空間内で暴食するため、畑より被害が大きくなります。

対 策 未熟な有機物を好むため、未熟な堆肥や有機質肥料を土に投入しないようにします。余裕をもって土作りを。

チャノホコリダニ

発生時期 6～10月

特 徴 高温乾燥下で多発し、新芽や葉、果実を吸汁。被害を受けた葉はウイルス病にかかったかのようによじれ、生育が悪くなります。果実を吸汁されるとツブツブ（痩果(そうか)）が目立つようになり、肥大しなくなります。

対 策 発生初期に、フェンピロキシメート水和剤（ダニトロンフロアブル）など適用のある薬剤を散布します。

ナメクジ

発生時期 3～11月

特 徴 土の中で越冬している12～2月を除き、ほぼ一年中被害をもたらします。花や果実の表面、新芽をかじって食害します。イチゴは地際近くに実がつくため、穴をあけるように食害されます。

対 策 暗く湿った環境を好むので隠れる場所を作らず、プランター栽培ではレンガなどにのせて底面を地面から離します。

Term Navi

用語ナビ

作業の内容や、わからない用語はここをご覧ください。
この本の栽培関連用語をナビゲートします。

● **このページの使い方**

見出し語のあとの数字は用語の説明や作業の方法、写真を掲載しているページです。ここに説明を記した用語もあります。

あ

タネを経ずに栄養器官（根、茎、葉）から新たな株を育てること。イチゴはランナー（ほふく枝、走出枝）といわれる茎の先にできた芽から根が出て子苗になる。

か

さ

た

藤田 智（ふじた・さとし）

恵泉女学園大学副学長・人間社会学部教授。「NHK 趣味の園芸　やさいの時間」の講師を、番組開始の 2008 年からつとめる。「初めてでも失敗しない」家庭菜園のメソッドには定評がある。

根本 久（ねもと・ひさし）

イチゴと一緒に育てようコンパニオンプランツ（P88 ～ 89）
イチゴの病害虫（P90 ～ 93 ／文・撮影）

園芸病害虫防除技術研究家、農学博士。

NHK 趣味の園芸
12 か月栽培ナビ⑬

イチゴ

2020 年 9 月 15 日　第 1 刷発行
2024 年10月 20 日　第 4 刷発行

著　者　藤田 智
©2020 Fujita　Satoshi
発行者　江口貴之
発行所　NHK 出版
〒 150-0042
東京都渋谷区宇田川町 10-3
電話 0570-009-321（問い合わせ）
0570-000-321（注文）
ホームページ
https://www.nhk-book.co.jp
印刷　TOPPANクロレ
製本　TOPPANクロレ

ISBN978-4-14-040290-0 C2361
Printed in Japan

表紙デザイン
岡本一宣デザイン事務所

本文デザイン
山内迦津子、林 聖子
（山内浩史デザイン室）

表紙撮影　栗林成城
表紙スタイリング　増田由希子

本文撮影
網干 彩／大泉省吾／岡部留美／上林徳寛／栗林成城／阪口 克／谷山真一郎／成清徹也／蛭田有一／福田 稔／丸山 滋／渡辺七奈

イラスト
山村ヒデト
タラジロウ（キャラクター）

校正
安藤幹江

編集協力
北村文枝

企画・編集
佐藤耕至

取材協力・写真提供
カネコ種苗株式会社
サントリーフラワーズ株式会社
タキイ種苗株式会社
日本デルモンテアグリ株式会社
農研機構九州沖縄農業研究センター
農研機構東北農業研究センター
三好アグリテック株式会社